竹内郁雄 著
TAKEUCHI IKUO

プログラミング道への招待

丸善出版

まえがき

本書は，大学初年生，プログラミングに興味のある高校生，プログラムが動く仕組みを独習したい大人や初心を忘れた（？）プログラマを対象とした「プログラミングへの招待」のつもりで，縦書きの本として書き始めました．

しかし，縦書きで書くのは難しいですね．最初は縦書きで頑張ろうとしたのですが，途中で頓挫してしまいました．プログラミングのココロには本来縦書きも横書きも関係ないはずなのですが，少なくとも私の場合，プログラミングは頭の中で横書き思考をしているようです．恐らくほとんどの数学者も数学を考えるときは横書き思考をしていると思います．

しかし，横書きじゃないとプログラミングに関する話ができないわけではありません．本書を見ていただくとお分かりのように，後半に行くにしたがって，縦書きで印刷してもいいような「プログラミングのココロ」的な内容になっています．でも，途中で横縦を変更するのは変ですよね．

ですので，序盤の機械語などの話は，横書き思考の試練だと思って乗り越えていただければ幸いです．現在のコンピュータの構造からすると，とても単純化したコンピュータの仕組みを紹介していますが，プログラミングのココロを理解するための土地勘を身につけるため，あるいは地に足のついた理解をするための関門だと思っていただければと思います．コンピュータに多少の土地勘のある方なら，この辺りは斜め読みでも十分でしょう．

もともと縦書きの予定だったので，本書では本屋さんにたくさん並んでいるような具体的なプログラミング言語の説明はしません．プログラミング言語に頼らず（?）にプログラミングの話をするように工夫しました．しかし，これでプログラミングのココロをお伝えすることができたかどうかは自信がありません．読者の判断にお任せします．

このような経緯があったので，本書のタイトルを「プログラミング道への招待」とすることにしました．えらそうに「道」をつけてみたわけです．しかし前半は，初心を忘れず「プログラミングへの招待」という内容になっています．

最後の6章のタイトルが「プログラミングは楽しい」としたところからも窺えるように，本書に通底するのは「プログラミングを楽しむこと」です．このことを読み取っていただいて，次の日からのプログラミングの勉強や作業が楽しくなっていただければ幸いです．

2017年1月

竹 内 郁 雄

目　次

第２章
プログラムとは？ プログラミングとは？　51

第3章
プログラミング言語　91

第4章
いろいろなプログラミング　147

第6章 プログラミングは楽しい 213

第1章
コンピュータの仕組みの簡単入門

本章では，プログラミングへの招待にはどうしても必要となるコンピュータの仕組みについて紹介します．なんだか宮沢賢治の『注文の多い料理店』みたいですが，プログラミングの美味しさを理解するためにちょっと我慢していただけないでしょうか．

コンピュータというブラックボックス

みなさんがふだん使っているスマホ（スマートフォン）は，実は高性能なコンピュータです．むしろ，コンピュータだと意識せずに，多くの人が便利に使えているということです．

自動車はエンジンだ，サスペンションだ，タイヤだというのはもちろん正しいのですが，今や自動車自体が巨大なコンピュータシステムになりつつあります．ちょっといい自動車だと，100台以上のコンピュータが内蔵されています．2本足で歩く人型ロボット（ヒューマノイド）の研究者に聞いた話ですが，今やヒューマノイドで一番電力を使っているのはロボットの筋肉であるモータ（アクチュエータ）でもなく，外界から情報を集めるセンサ（カメラやマイクなど）でもなく，それらを制御するためのコンピュータです．近い将来，自動車の自動運転は確実に実用化されますが，そうなるともう自動車のほとんどの機能はコンピュータで実現されることになります．

実は単にコンピュータというより，コンピュータというハードウェアとその上に「載っている」ソフトウェアが協働していろいろな制御を行います．「載っている」というのは妙な言い方ですが，実際コンピュータの仕組みを知ると，「載っている」がピッタリだという感覚が湧いてきます．

ソフトウェアは腐りやすい

「ハードウェア」は大昔からある言葉で「金物」という意味です．つまり，釘や針金，鍋，スコップなど，金物屋で売っているものです．しかし「ソフトウェア」は，1958年に初めて使われた言葉と言われています．しかし，ソフトとウェアの間にハイフンの入るsoft-wareは，その100年ほど前の1850年にチャールズ・ディケンズの小説に出てきました．そこでは生ゴミの意味でした．実はソフトウェアは「陳腐化しやすい」，つまり「腐りやすい」という意味で生ゴミに近いのかもしれません．やはり一流の文学者は未来の予見力もすごいですね．

歯車などが機械的に動くのではなく，電子的に動くコンピュータは1940年代に初めて作られました．当時は電子計算機（エレクトロニック・コンピュータ）と呼ばれていました．そもそもcomputerという英語は，1900年ごろは「計算能力に優れた人」を意味していました．それが1930年代になると，（ソロバンのなかった米国では）銀行や保険会社などで「手回し計算機で計算することを職業とする人（主に女性）」となり，計算をする装置を意味するようになったのは，電子計算機が登場してからです．

コンピュータはただの箱？

本格的に動いた最初の電子計算機はエニアック（ENIAC，図1）です．大きな教室が一杯になるほどの大きさです．今は趣味のオーディオアンプぐらいにしか使われていない真空管が18,000本も使われていました．まさに巨大な金物というか，装置でした．ハードウェアと呼ぶに相応しい偉容です．

エニアックも，その後作られた大型のコンピュータも，それを

図 1　エニアック（ENIAC）

電源につないでスイッチを入れただけでは何もしてくれませんでした．その上に所望の動作を記述したソフトウェアを載せないと仕事をしてくれません．今はあまり聞きませんが，昔は「コンピュータ，ソフトウェアがないとただの箱」という諺がありました．そういえば，30 年ほど前には「コンピュータ，ネットにつながなければただの箱」という諺が生まれました．

iPod のようなネットワーク・ミュージック・プレイヤを買ってきて電源を入れただけでは好きな曲は聞けません．それに自分の好きな曲をダウンロードして「載せる」ことをしないといけません．こういった曲のことを「ソフト」と呼びますが，その語源は実はコンピュータのソフトウェアです．

コンピュータの電源を入れて，所望のことをさせたいときはどうすればいいでしょう？　プログラムを書いて，載せればいいのです．え，ソフトウェアじゃなくて，プログラム？　少しこんがらかってきたかもしれません．では，まずはコンピュータの基本から説明を始めることにしましょう．プログラムとソフトウェアの話はちょっとお預けです*[1]．

1　オートマトン

オートマトンは日本語に訳すと「自動機械」です．なお，これは英語の単数形 automaton で，複数形では変則変化してオートマタ automata となります．

機械仕掛けで動く人形

オートマトンは 18〜19 世紀に作られた，ぜんまいや歯車の仕掛けで動く自動人形を意味します．日本にもたくさんのオートマタ展示施設があります．機械仕掛けだけでよくぞこんなに複雑な動きをするものだと感激させられます．日本でも江戸時代には，お茶を運ぶ人形などが作られました．祇園祭の山鉾の上にもからくり人形が乗っています．

私の印象に残っているのは，チェスを上手に指すターク（トルコ人）という人形です（図 2）．学生時代（1970 年ごろ），当時のとても非力なコンピュータでオセロゲームのプログラムを書こうと思い，文献を漁っていて見つけました．巧妙な磁石仕掛けによって人形が駒を動かします．それを指示するのは，そうと悟られないように巧妙に作られたデスクの中に隠れたチェス名人でした．これは手品であり，正しい意味での自動機械ではありません

*1　2章では，ソフトウェアとプログラムという 2 つの言葉の区別について言及することにします．

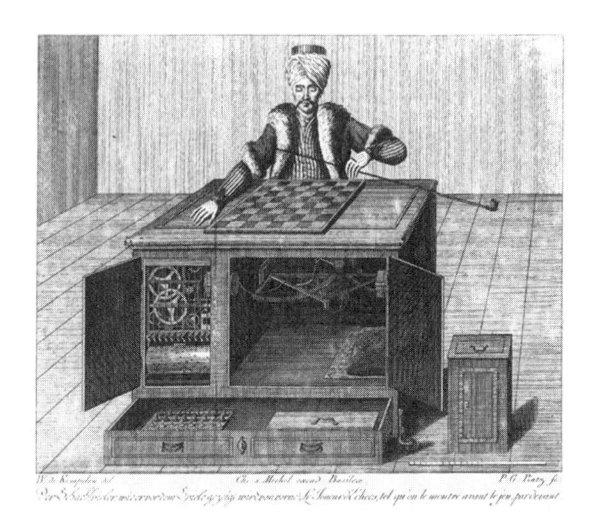

図 2　チェスを指すターク

が，まさにハードウェアの中に人間というソフトウェアが「載っていた」と言えないこともないでしょう．

ちょっと拡大解釈すると，熱膨張率の異なる 2 種類の金属板を張り合わせたバイメタルという自動電源オン・オフ器もオートマトンと言えるでしょう（図 3）．これは電気ポットの中などに入っていて，温度が高くなり過ぎると，熱膨張率の高いほうの金属が少し長く伸びて全体が曲がり，電気接点が切れるものです．もちろん，温度が下がるとまた接点がつながります．

バイメタルの場合は，1 回装置を作ってしまえば，その上に何か「ソフトウェア」を載せる必要はありません．もっとも，今時の電気ポットは温度センサも回路のオン・オフも電子回路（マイコン，つまり小さなコンピュータ）で行うようになりました．

蒸気圧で振り子を回し，その遠心力で蒸気を逃す弁を開いたり閉じたりして，機械の回転数を一定に保つガバナもバイメタルと

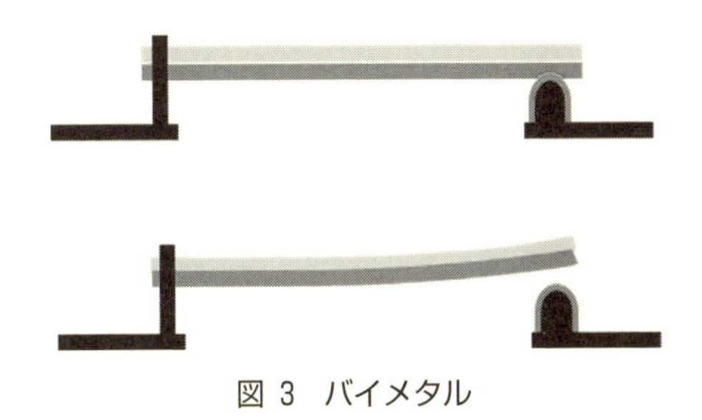

図 3　バイメタル

似たような自動機械，というか自動制御機械です．産業機械の発達により，このような自動制御機械がたくさん開発されました．

このように，何か外界の刺激（スイッチオンも刺激の一種）を受けて，自動的に動作するという機能は，確かにコンピュータの仕事の一分野です．

オートマトンの図式化

20世紀半ばにオートマトンの理論が作られました．これは外界の刺激ではなく，記号で表わされた情報を順次受け取って反応する理論上の機械です．例えば，次のようなドアの鍵の動作を表わすオートマトンを考えましょう．

鍵を挿して左に回す → ドアが開いた状態になる．
鍵を挿して右に回す → ドアが閉じた状態になる．

いかにも当り前の鍵ですが，ドアが開いた状態で鍵を左に回しても開いた状態のまま，またドアが閉じた状態で鍵を右に回しても閉じた状態のまま，となっていることも忘れないようにしましょう．

こんなふうに書くと面倒ですが，図4のように書くと，分かり

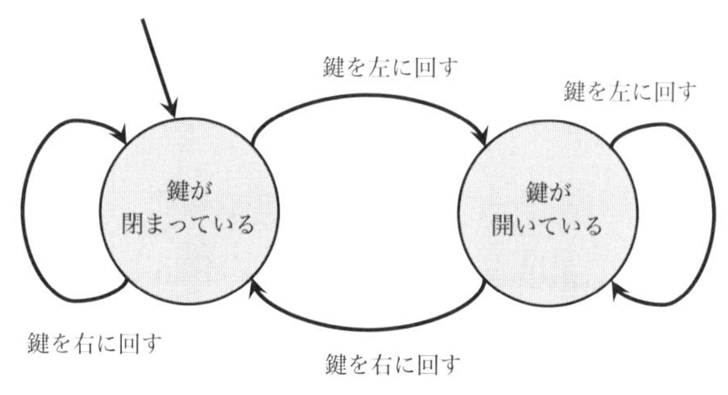

図 4　ドアの鍵の状態遷移図

やすいですね．大きな丸はドアの２つの状態（開いている，閉じている）を表わし，その間の矢印は鍵をどの向きに回すかを表わします．つまり，鍵を回すと，ドアの２つの状態の間を行き来できるというわけです．言葉で書くよりも分かりやすくなっていると思いませんか？

なお，最初の状態（初期状態と呼びます）には何も書いてない矢印が入るとしましょう．ドアの場合は，やはり閉じた状態が初期状態というのが自然ですね．

押すたびに点灯したり消灯したりするスイッチをこれと同じような図で書くと，もっとやさしくなります（図 5）．点灯・消灯の２つの状態の間を「押す」という記号の矢印で双方向に行き来しています．こちらも消灯を初期状態としましょう．

世の中に現実にある装置の動作をこのように図式的に表わすと，設計図のようで分かりやすいですね．これをオートマトンの「状態遷移図」と呼びます．実際の装置の設計図では状態がもっと増え，ややこしくなります．

あとで述べますが，オートマトンが装置の動作の設計図になっているということは，プログラムがコンピュータの動作の設計図

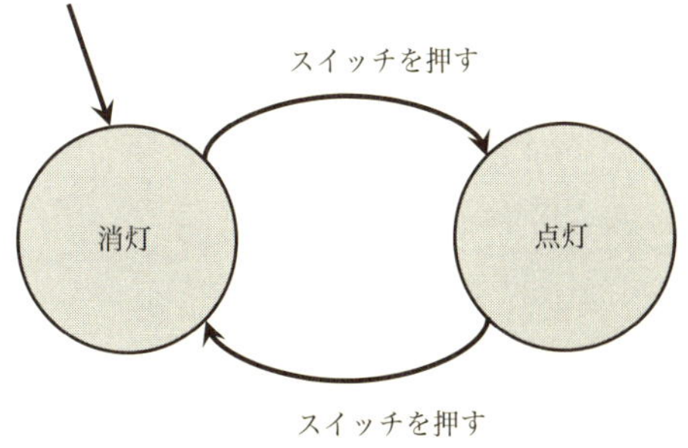

図5　オン・オフスイッチ

になっていることと共通します．

2　2進数

ほとんどの読者のみなさんは2進数という言葉を聞いたことがあるでしょう．我々が普通使うのは0, 1, 2, ..., 9までの10種類の数字を使う10進数ですが，2進数では0と1の数字しか使いません．

2進数とビット

数字が2種類しかないので，足し算していくとどんどん桁が上がっていきます．0から出発しましょう．それに1を足したら1．それに1を足したら，早くも桁上がりして10になります．2進数の10は10進数の2を意味します．2という数字がないのだからしょうがありません．以下，カッコの中に書いたのは10進数です．さらに1を足すと11（3）．さらに1を足すとまた桁上がりして100（4）．こんな調子です．

表1に0から31までの2進数を書きました．10進数の31は5

表1　2進数

2進数	10進数	2進数	10進数	2進数	10進数	2進数	10進数
00000	0	01000	8	10000	16	11000	24
00001	1	01001	9	10001	17	11001	25
00010	2	01010	10	10010	18	11010	26
00011	3	01011	11	10011	19	11011	27
00100	4	01100	12	10100	20	11100	28
00101	5	01101	13	10101	21	11101	29
00110	6	01110	14	10110	22	11110	30
00111	7	01111	15	10111	23	11111	31

桁の2進数11111で表現されます．この表では頭に余分な0をつけて全部が5桁で表現されるように書いてありますが，もちろん消しても構いません．

人間は片方の手で指折りして，0から5までを数えることができます．指を折った状態を0，指を折らない状態を1としましょう．右手を握った状態を5桁の2進数で表わすと00000となります（図6）．つまり10進の0です．手の器用さにもよりますが，親指だけ開いたら00001，人差指だけ開いたら00010，親指と人差指を開いたら00011，こんな具合に数えていくと5本の指で0から31までを数えることができます．両手を使ったらなんと1023まで数えられるのです．

ちなみに31は2の5乗引く1，1,023は2の10乗引く1です．つまり使える指をn本とすると，2のn乗引く1までの数を数えることができます．この1本1本の指をビット（bit）と呼びます．両手を使えば10ビットということになりますね．

10ビットで表わされる最大の10進数は1,023（2進数で書くと1111111111），それより1大きい，2進数としては切りのいい

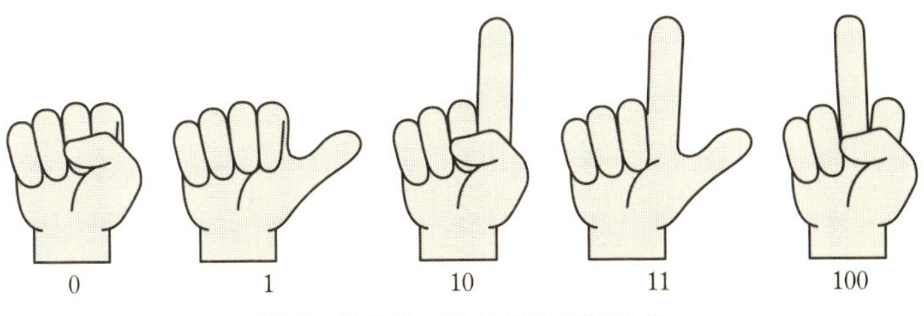

図6　指を使って2進数を数える

数，2の10乗10000000000は10進数の1,024です．これは10進数の1,000と近いので，覚えておくと便利です．

2進数はコンピュータと相性がいい

片手で31まで数える練習をすると分かりますが，1ずつ足していく規則はとても簡単です．ソロバンの5玉（上の段）だけを使って数え上げをしたり，足し算の練習をしたりすると2進数に慣れることができます．ソロバン塾でもやってくれると嬉しいですね．

ともかく2進数で計算をすると，小さな数でも指をたくさん動かすので，人間には面倒ですが，機械にこれをやらせるなら，装置としては簡単になりそうだということはお分かりいただけるでしょう．

実際，電子装置の中で電圧を使って数を表現しようとしたら，電圧が2種類ですむ2進数はとても楽です．電圧に限らず，2種類の記号だけを使って数を表現するような記憶装置を作るのは楽です．磁石のS極・N極の向きは2通りなので，磁気を使う記憶装置も2進数にピッタリです．このような理由から，よほどへそ曲がり（？）な装置でないかぎり，コンピュータの中では数値

表2　単位の表

1,000 ずつ上がっていく単位
1 キロバイト(1 KB) =1,000 バイト
1 メガバイト(1 MB)=1,000 キロバイト
1 ギガバイト(1 GB) =1,000 メガバイト
1 テラバイト(1 TB) =1,000 ギガバイト
1 ペタバイト(1 PB) =1,000 テラバイト

1,024 ずつ上がっていく単位
1 キビバイト(1 KiB) =1,024 バイト
1 メビバイト(1 MiB)=1,024 キビバイト
1 ギビバイト(1 GiB) =1,024 メビバイト
1 テビバイト(1 TiB) =1,024 ギビバイト
1 ペビバイト(1 PiB) =1,024 テビバイト

をすべて2進数で表わします．

2進数が大好きになったコンピュータは，2進で切りのいい数を好むようになりました．例えば，2進数の桁数は大きくなるので，2の3乗である8ビット=1バイトで区切って数えるようになりました[*2]．

みなさんがお使いのスマホの内部メモリ（内部記憶装置）の単位はバイトです．

それでも大きな数が出てきてしまうので，バイト単独ではなく，何メガバイトとか，何ギガバイトとかという言い方をします．このごろ，重さや長さの単位の習慣から，1,000バイトを1キロバイト，1,000キロバイトを1メガバイト，1,000メガバイ

*2　大昔は6ビットを1バイトと呼んだこともありました．

トを1ギガバイト，というふうに呼ぶようになりました．

以前，2進数が大好きな人は，2進で切りのいい1,024バイトを1キロバイトというふうに呼んでいました．今は1キビバイト(1 KiB)と呼びます．このあたりを表2にまとめておきました．

思い起こすと，私が初めてコンピュータに触れた時代，メガという単位修飾子を聞くだけで身震いしました．今はギガが当り前，その上のテラもビデオレコーダーのハードディスクでは当り前になったのは感慨深いというか，コンピュータ技術の進歩を実感させられます．

3　なんでも2進数

コンピュータのような電子的装置では，2進数で数を表現するとやりやすいことは分かりましたが，数が表現できただけでは，電卓にしかなりません．もっといろいろなものがコンピュータのメモリの中で表現できないとちっとも面白くありません．実は，画像，映像，音楽，文章など，どんな情報も2進数で表わすことができます．

アナログとデジタル

その前に，アナログとデジタルという話をしましょう．乱暴な説明をすると，アナログは値が滑らかに変化する連続量，デジタルは値が飛び飛びに変化する離散量のことです．小説は，挿絵がないとして，限られた種類の文字の連続なので，最初からデジタルです．もっとも，知合いの編集者は，昔の活版印刷によって紙面に生じる微妙な凹凸が本を読む味わいだったと話していました．たしかにそういうアナログ的な味わい方もありますね．

視覚，聴覚は，連続的なのか離散的なのかは微妙です．味覚，嗅覚などはそもそも情報表現の方法すら定まっていないように思います．視覚と聴覚にどれだけの分解能，つまり違うものを違うと見分けられる能力があるかは，心理学の研究である程度分かってきています．私はオーディオマニアの端くれなので，映像機器評論とかオーディオ評論を読むと，心理実験を超えた人間の識別能力のすごさを素直に感じることができます．

日本の昔の地上テレビ放送は，電波で表現できるアナログ量で色や明るさの情報を送る NTSC 方式を使っていました．ラジオの AM 放送は電波の波の強弱で音の情報を送っています．ただし，どちらも時間方向では周期的に，色や明るさ，音の強さの情報を区切っています．そうしないと，電波がいくらあって足りなくなるからです．

標本化

人の耳は 20 ヘルツ（ヘルツは毎秒何回の振動をするかを表わす単位）から 20,000 ヘルツの周波数まで聞こえると言われています．つまり，毎秒 20 回から 20,000 回往復する空気振動が耳で検知されるわけです．この波の形を周期的に区切って再現可能なように数値的に表わそうとすると，どれくらいの周期が必要でしょうか？

これに関しては有名な「標本化定理」という定理があり，検知される一番高い周波数の 2 倍の周波数の周期で区切って，それぞれのところで音の強さを測定して数値化すれば十分とされています．波長でいうと，一番高い周波数の波長の 2 分の 1 の波長で波を区切って測ればいいということです．実際のところ，AM 放送は，放送に割り当てられた周波数帯域の限界により 8,000 ヘルツまでの音を伝えるのが精一杯です．FM 放送はもう少し周波数帯域が広いので，ステレオにして 15,000 ヘルツまでの音を伝えることができます．AM も FM も音の強さはアナログで伝えます．

画像の場合は，画像の画素（ピクセル，画像の最小単位）への区切り方（どこまで細かく区切るか，つまりどう標本化するか）が標本化定理の対象になります．音は時間の区切りでしたが，画像では空間の区切りになるわけです．聴覚と視覚の特性の違いがよく出ていますね．最近のスマホだと小さな画面にたくさんの細かい画素があるので，虫眼鏡を使わないかぎり，人の目にはもうそれ以上細かくしても見分けられないだろうという解像度になっています．

画像の標本化についての分かりやすい例を図 7 に示しておきましょう．標本化が粗い，つまり空間の区切り方が大きすぎると，モザイク画像のように見えてしまいますね．この写真は私にそっくりなハワイのメネフネ人形を撮影してモノクロにしたものです．縦横比が 2：1 の写真です．すぐ後に述べる量子化は 64 段階に固定してあります．左から順に，縦が 16 分割，32 分割，64 分

16-64

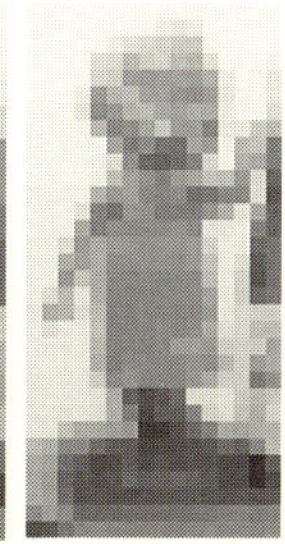
32-64

64-64

128-64

256-64

図 7　画像の標本化の例（N-M は縦 N 分割，量子化 M 段階という意味）

割，128分割，256分割に標本化されています．さすがに縦が16分割（横は8分割）だと何が写っているのかすら判別し難いですね．

量子化

では，解像度ではなく，明るさや大きさの数値情報をアナログではなくデジタルにしてみましょう．このためには大きさや明るさを飛び飛びの値に区切る必要があります．これを「量子化」と呼びます．極端な量子化の例は，モノクロの写真のそれぞれの画素を白と黒の2つの値だけで表現することです．もちろん，中間の灰色の濃淡の種類を増やせば，かなり自然に見えるようになります．図8は，標本化を縦256分割に固定してあります．左から順に2段階（つまり，白と黒だけ），4段階，8段階，16段階，32段階です．この程度の写真だと，64段階以上の量子化をしてもあまり差は感じられません*3．

図8　画像の量子化の例（N-Mは縦N分割，量子化M段階という意味）

*3　なお，この例は早稲田大学の鈴木遼君が開発したSiv3Dという，C＋＋ベースの非常に優れたメディア処理システム上のプログラムで作成しました．こういうことがアッという間にできてしまう時代になりました．興味のある方は，Siv3Dで検索するとすぐに見つかります．

カラーの場合，現在主流になっているのは光の3原色である赤（Red の R），緑（Green の G），青（Blue の B）の3つの光を合成する RGB です．実はこれだと人間が感じとれるすべての色は再現できないのですが，実用上は十分です．通常はこれらの3色をそれぞれ1バイトで表わせる256段階（0から255）に量子化して表わします．つまり，標本化で決まったそれぞれの画素に1+1+1=3バイトの量子化色情報を与えるわけです．すべてのバイトが0だったら黒で，すべてのバイトが255だったら白になります．よくデジカメの宣伝などで16,777,216色が表現可能と書いてあるのは，RGB それぞれの256段階を掛け合わせた数，つまり色の種類の数が，256×256×256=16,777,216ということを表わしています．

音の場合，CD では20,000ヘルツ（20キロヘルツ）をカバーできる，標本化定理から導かれる40キロヘルツを超える44.1キロヘルツの周期で標本化し，音量の量子化は0から65,535までを表わせる16ビットにしています．ただ，最近のハイレゾでは，標本化が192キロヘルツ，量子化が24ビット（あるいはそれ以上）です．多くの人が楽しんでいる MP3 は，結果的に CD よりはずっと低い標本化と量子化になっているので，マニア向けではありません．

私の知るかぎり，人間の感覚器官と脳細胞の情報処理は，生体特有の（超並列）アナログ処理です．だから，いくら情報をデジタル化してハイレゾだと言っても，アンプ，スピーカ，さらにはオーディオケーブルがアナログ回路なので，マニアはそこを聞き分けてしまいます．音の標本化は正確な周期時計があってこそ意味がありますが，オーディオ機器のクロックには超高級品でないかぎり，周波数揺れ（ジッタ）があるので，それが気になるマニアがいます．人は 20 キロヘルツしか聞こえないのにどうして 40 キロヘルツではなくて，192 キロヘルツなんかで標本化するの？という疑問はマニアには禁句です．

アナログからデジタルへ

世の中の情報表現がアナログからデジタルにどんどん変わってきています．地上波のテレビ放送がアナログからデジタルに変わったのは 2011 年ですが，それまでのテレビよりも映像がはっきり・くっきりとなったことを覚えている人が多いでしょう．アナログ情報は伝わってくる間や保存されている間に加わるノイズなどでどんどん劣化しますが，0 と 1 の 2 つの値だけで送られるデジタル情報は途中でアナログノイズが入って，1 が 0.85 になっても簡単に 1 に戻せるのです．でも，豪雨のときに衛星デジタル放送を見ていると，1 が 0.45 になったりして，そういう復元もできなくなり，画面がモザイクのようになるとか，まったく映らなくなってしまいます．アナログだったら，よく分からないけれど 2 人が対話しているらしいことなどは伝わってきます．デジタルとアナログの性質から，こういう違いが出るのです．

天気予報の計算では，地図を細かくメッシュ（網の目）に切る標本化が行われています．現在は 5 キロメートルないし 20 キロメートル四方で区切るのが標準的ですが，「降水ナウキャスト」では 1 キロメートル四方まで細かく区切っています．あまり細かく区切ると，いくらコンピュータが速くなっても，メモリ使用量や計算時間が大きくなって，明日の天気予報の計算が明後日にならないと終わらなくなったりします．

このほかにも，例えば分子の分子式や立体構造など，いろいろな情報構造が記号，つまり 2 進数を使って表現できます．

4　コンピュータの原理に向かってそろりそろり

なんでも2進数，なんでもデジタルで表現することで，コンピュータはありとあらゆる分野で使えるようになりました．なにしろ，コンピュータはデジタル情報と2進数と相性がいいのです．

最近はほとんど見なくなりましたが，アナログコンピュータという種類のコンピュータもあります．これはアナログ計測された温度や電圧などの情報をアナログ電子回路に与えて結果を出すものです．精度が3～4桁ぐらいしか出ないのが欠点ですが，物理法則に素直に従って動いているので，結果がほとんど瞬時に出ます．今日のコンピュータがデジタルコンピュータと呼ばれるのは，アナログコンピュータがあったからです．

オートマトンの復習

2節でオートマトンを簡単に紹介しましたが，ちょっと復習しましょう．まず簡単な問題．与えられた2進数が偶数かどうかを判定するオートマトンを作ってください．

すぐ分かるように，一番右（下）のビットが0だったら偶数です．2進数が上の桁から下の桁へと順に与えられるとすると，図9のようなオートマンがいいでしょう．1が入ると「奇数かな？」状態，0が入ると「偶数かな？」状態に移動します．2進数がどこで終わるかを教えないといけないので，最後（一番右）の桁を入れた直後に終わりを意味するシャープ「#」を入れることにします．これで，偶数か奇数かが決定します．決定したときの状態を「最終状態」と呼びます．このオートマトンには最終状態が2つあります．

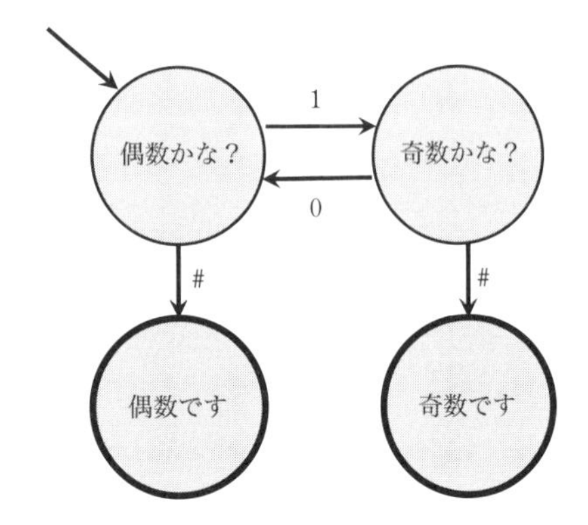

図 9　2 進数の偶奇を判定するオートマトン

あれ？　では最初はどこの状態から出発すればいいでしょう？このオートマトンの場合はどこから出発しても大丈夫です．しかし，はっきりさせるために何も書いてない矢印をとりあえず「偶数かな？」状態に向けて書いておきましょう．なにも入力していないときはゼロと思うのが自然だからです．これで「偶数かな？」がこのオートマトンの初期状態となります．

3 で割り切れるかどうかを判定するオートマトン

では，もう少し難しい問題に挑戦しましょう．2 進数が 3 で割り切れるかどうかを判定するオートマトンを設計してください．上の桁から順に示される 2 進数の終わりはシャープで示します．

「う，2 進数にまだ慣れていないのにそんなの無理だ」と言わないで考えましょう．こういう問題に挑戦することが，プログラミングのための思考訓練になります．

ヒントは「3 で割り切れるとは何か？」を考えることです．これは「3 で割ったら余りが 0」ということですよね．とすると「3

で割り切れない」は「3で割ったら余りが1」か「3で割ったら余りが2」ということです．どうも基本的に必要なのはこの3種類の状態だけのようです．このほかにシャープが入力されたときの最終判断「判決！　割り切れる」と「判決！　割り切れない」の2つの最終状態が必要でしょう．

次のページの解答を見る前に自分で少し考えてください．もう少しヒントを書くと，次のビット（0か1）の入力があると，それまで入力された数が2倍になります．10進数で書くと，2は3で割ると余り2ですが，それを2倍すると4になり，余りは1になります．何か分かってきたような気がしませんか？

お，ここまで来ましたね．答えが分かったと信じておりますよ．ヒントで書いたように，次の数が入ると，それまで入力された数（最初の入力の場合は0）は2倍になり，次の数0または1が足されます．ということは，

元の数が2倍されるので，次の数が0だったら，
　元の数の3で割った余りが0だったら，
　　2倍すると余りは0（割り切れる）
　元の数の3で割った余りが1だったら，2倍すると余りは2
　元の数の3で割った余りが2だったら，2倍すると余りは1
となります．次の数が1だったら，
　元の数の3で割った余りが0だったら，
　　2倍して1足すと余りは1
　元の数の3で割った余りが1だったら，
　　2倍して1足すと余りは0（割り切れる）
　元の数の3で割った余りが2だったら，
　　2倍して1足すと余りは2

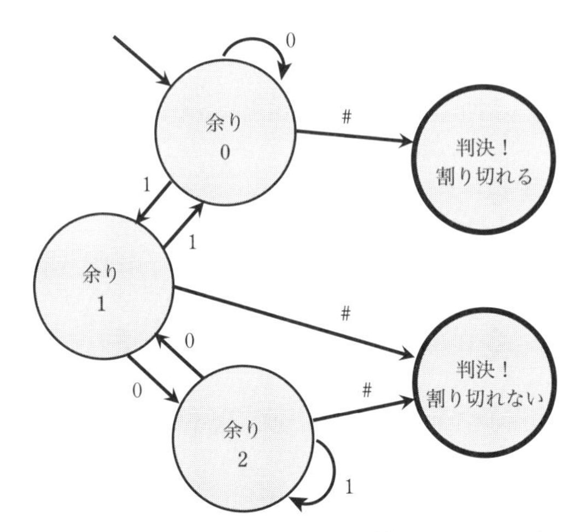

図 10　3で割り切れるかどうかを判定するオートマトン

となります．

つまり，3で割った余り3種類（0，1，2）それぞれを状態とすると図10のような状態遷移図が書けます．シャープが入力されて，最終判決が行われるところまで書いてあります．

なお，初期状態は「余り0」です．何も入っていないときはゼロだと思うわけです．実際，ほかの状態を初期状態にしてしまうと変なことになってしまいます．

これを見て，パズルを解いているような気分になりませんでしたか？　実はプログラムを書くこと，つまりプログラミングはパズルを解く喜びに通じているのです．

本書はプログラミングのこういった楽しみを伝えたいと考えています．

今赤き糸むすばれ，はずむ吐息が甘い

では，次の問題を考えてみましょう．今度は数としての2進数ではなくて，いわば「模様としての2進数」を扱います．例によって入力はシャープで終わるとします．与えられた2進数が「回文」になっているかどうかを判定してください，という問題です．

回文とは前から読んでも後ろから読んでも同じになる言葉のことです．「新聞紙」は平仮名で書くと「しんぶんし」で，見事に回文です．「竹藪焼けた」も平仮名にすると回文です．

世の中には回文マニアという人たちがいて，たくさんの回文が創作されています．この場合，句読点，濁点，半濁点，小さい文字（「っ」や「ゃ」など）による差はすべて無視するルールです．

私が『大語解―ビックリハウス版国語辞典』(Parco 出版，1982年）を見て感銘を受けたのは「今赤き糸むすばれ，はずむ吐息が甘い」というロマンチックな傑作です．0と1だけからなる回文ではこんな感銘は受けませんが，回文判定オートマトン，ちょっと考えてみてください．

考えた方はお分かりでしょうが，どうもうまく行かないですよね．どうしてか分かりますか？　すべてのビットを順番通りに覚えておかないといけないからです．途中でそれなりの判断材料があった，3で割り切れるかどうかを判定するオートマトンとは違います．なにしろ，途中では与えられる2進数が何桁かの情報がありません．

繰り返しになります，最後のシャープを見てから初めて回文判定が可能になります．左の人差指を最初（最上位）のビットから順次下（右）へ，右の人差指を最後のビットから順次上（左）へと，同じかどうかを文字どおり指差し確認していくのです．この動作はオートマトン（正確な言葉を使うと「有限状態オートマトン」）では表現できません．いくら状態を増やしてもダメだということが証明されています．もちろん2進数の桁数が1,000以下だということがあらかじめ分かっていれば，信じられないような大きさのオートマトンを作ればなんとかなります．

では，どうすればいいでしょうか？

答えはメモリ（記憶）を使うことです．「なぁんだ，そんなことか」と思われたら，素晴らしい直感です．オートマトンには有限個の状態が備わっていますが，そのほかにはメモリがありません．オートマトンにとっては状態だけがそれまでに入力された「記憶」の整理された形なのです．いくらでも長くなる生データの記憶はできません．

現代のコンピュータの基礎となったチューリングマシンという理論的な自動機械は，実はオートマンに読み書き自在の無限のメモリを追加したものです．

5　コンピュータの原理

現代のコンピュータは，性能を上げるためにやたらと複雑な構造になっていますが，まずは基本を押えましょう．この節はちょっと難しいかもしれませんが，ゆっくり読んでください．

コンピュータを買うとき，CPUがなんたらというカタログ情報を見ますよね．現代のCPUは高速のメモリ（レジスタ，キャッシュメモリ）を含んでいますが，それを除くと，実は巨大な有限状態オートマトンです．数の四則演算をする回路（装置）のほか，ビットを処理するいろいろな演算装置が内蔵されています．

メモリ階層

CPUにはメモリがつながっています．現代のCPUには必ず付属しているレジスタやキャッシュメモリのほかに，メインメモリ（主記憶），さらにはハードディスク（HDD），さらにはネットワークの向こうにあるハードディスク（クラウドはその一例です）などなど，昔に比べるとすごいことになっています．ハードディスクも今どきは円盤が回らないソリッドステートディスク（SSD）に存在を脅かされています（図11）．

キャッシュメモリはメインメモリの一部をコピーするものです．CPUの近くにあって，高速に読み書き（アクセス）できます．レジスタはCPUにほとんど組み込まれたような高速メモリで，キャッシュメモリよりもさらに高速に読み書きできます．

作家が自分の机で作業している場面を考えましょう．調べもののために部屋の本棚（メインメモリ）から，必要な本を机の上に並べたなら，キャッシュメモリに相当します．調べた内容を目の

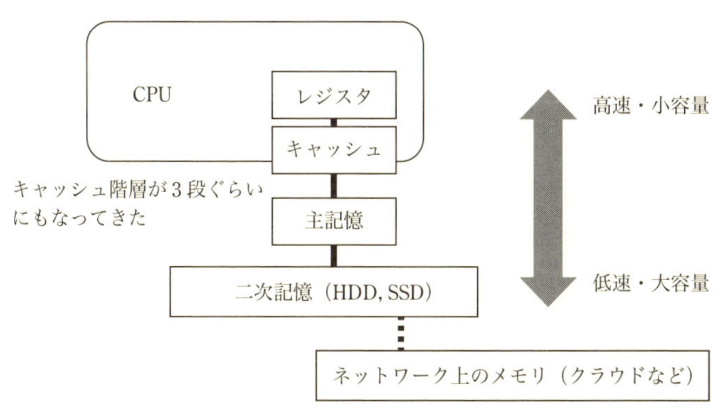

図11　CPUとメモリ階層

前のメモ用紙に書いてあれこれ考えて整理するのは，レジスタを使って計算することに相当します．その内容をキャッシュメモリである本に書き込んだり，傍線を引いたりします．

でも，机の上が一杯になってきたら，用が済んだ本を本棚にしまい，別の本を机の上に運びます．さすがに作家なので，本がたくさんあります．部屋の本棚に置けていなかった本は別の倉庫（ハードディスク）から段ボールごと持ってきて，本棚（メインメモリ）に移動させます．ついでに，必要性の低くなった本は倉庫に移動させます．

倉庫の本でも足りないときは，図書館に行って本を借りてきます．これは，ネットワークの向こうにあるデータに相当します．机の上から遠くなるにつれ，どんどんアクセスに時間がかかります．

スマホの電源を入れたときの画面に表示する「よく使うアプリ」のアイコンも，PC のデスクトップに直接出ているアイコンも，一種のキャッシュです．なお，キャッシュメモリの「キャッシュ」は cache という綴りで，現金の cash と間違わないようにしてください．でも，cache はもともとフランス語の「隠す」という言葉なので，意味が逆のような気もしますね．

メモリはまさにハードウェアです．本当に日進月歩なので，細かいことには拘らず，超高速にアクセスできるレジスタと，ある程度たくさんの情報が入るメモリ（メインメモリ）と，それよりだいぶ遅いけれども大量の情報が入れられる大容量メモリといった 3 階層の種別があることは理解しておきましょう．多階層のメモリを効率良く使いこなすのはいつの時代も難しい技術課題です．

チューリングマシン

さて，CPUは強力な演算装置を持っていますが，足し算してほしくないときに勝手に足し算されたら困るし，足し算してほしいときにしてくれないのも困ります．どうしたら，CPUの演算装置をうまく使いこなせるでしょうか？

本章の冒頭でエニアックを紹介しましたが，エニアックではCPUに直結した電気接点の間を配線することで，演算の順序を制御していました．図1を見てもその様子が分かるでしょう．配線を組み替えることが実は「プログラミング」でした．さすがにこれは，アナログコンピュータならいざしらず，デジタルコンピュータには継承されませんでした．

そして，20世紀の偉大な数学者フォン・ノイマンが「プログラム内蔵方式」というアイデアに思い至りました*4．

プログラム内蔵方式は，配線ではなくて，CPUを制御する仕組みである「プログラム」をメモリの中に内蔵する，つまり書いておくという意味です．メモリは本来，処理すべきデータを読み書きするために用意されたはずだったのですが，そこに処理の方法まで書き込むという発想でした．

もっとも，この発想自体はそれよりずっと前（1936年）にアラン・チューリングという理論家が，彼の考案したチューリングマシンにすでに組み込んでいました（図12）．チューリングマシンは，有限状態のオートマトンを真に超える能力を持っていました．例えば，いくらでも長い2進数の回文判定が可能です．実はチューリングマシンは，オートマトンに読み書き可能な無限長の

---

*4　このあたりいろいろな歴史秘話があるのですが，本書がカバーする範囲ではないので省略します．

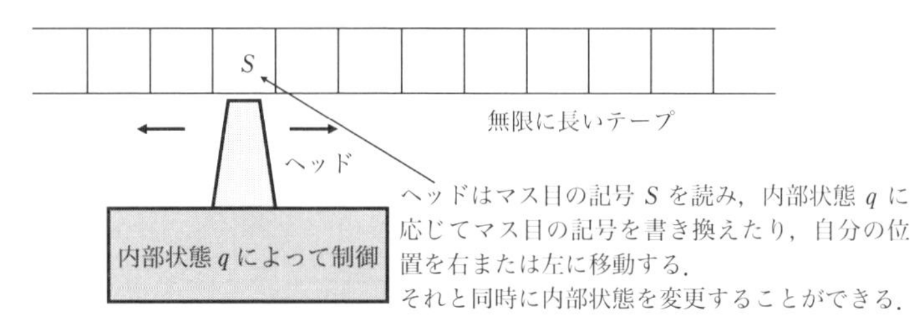

図 12　チューリングマシンの概念図

テープ（メモリ）を付け加えて，オートマトンがそのテープを読み書きできるようにした理論機械だったのです[*5]．

チューリングマシンは，元来は「計算できるとはそもそもどういうことか？」を調べるために考案された理論的な機械です．テープの上には有限個の 0，1，# などの記号が書け，そのほかの部分には空白が書かれています．こんな簡単な理論機械なのに，計算できそうと思われることはすべて計算できることが分かりました．

チューリングマシンはオートマトンと無限に長いテープからなると述べました．テープに書かれている情報がデータ，オートマトンがプログラムと理解すればいいでしょう．コンピュータ科学の講義では，テープの上に空白で区切られて書かれた 2 つの 2 進数の足し算をするチューリングマシンを書けというような練習問題が出されます．

これはやさしくない問題ですが，要するにオートマトンの設計がプログラミングの問題になっているわけです．実際，はんだ付

＊5　当時，大容量の記録媒体は磁気テープぐらいしかなかったので，無限に長いテープになったのでしょう．当時アナログ情報の記録がやっとだった磁気テープに離散的に記号が書けるとしたチューリングはやっぱり天才です．

q_1**1#**q_1 ; This # will be + 1 for unary notation
q_1**#**Rq_2
q_2**1#**q_2 ; Start creation of two 1's for each 1 of x
q_2**#**Rq_3
q_3**1**Rq_3
q_3**B**Rq_4 ; Reserve the original left blank for + 1 in $3x + 1$
q_4**1**Rq_4
q_4**B1**q_5 ; Here create two successive 1's at the leftmost
q_5**1**Rq_5
q_5**B1**q_6
q_6**1**Lq_6 ; Go back to the rightmost unprocessed 1 in the original x
q_6**B**Lq_6
q_6**#**Rq_2
q_2**B1**q_7 ; No unprocessed 1 remains, then change the reserved blank to 1
q_7**1**Lq_7
q_7**#1**q_8 ; Leftmost # is found, that is, we've got to the leftmost
q_8**1**Lq_7 ; Take back the # to 1
q_7**B**Rq_9 ; Terminate

図 13　チューリングマシンのプログラム例（x に対して $3x+1$ を求める）

けは必要なく，前に述べたようなオートマトンの状態遷移図を記号列で書くだけです．図 13 に短い例を書いておきます．いかにも難しそうですが，実際面倒です．だからこれ以上の説明はしません．

万能チューリングマシン

チューリングマシン上で足し算のプログラム，掛け算のプログラムなど，四則演算のプログラムを書けたら，それらを結合してもっと複雑な算術演算のプログラムが書けます．でも，その都度そんなオートマトンを書いていたら，エニアックの配線をしているのと似たような苦労ですね．

そこでチューリングは，チューリングマシンのオートマトン自体をテープの上に記述する仕組みを考えました．今述べたようにチューリングマシンのオートマトンは，チューリングマシンのプログラムに相当します．以下，ややこしくなりますが，じっくりと考えながら読んでください．

チューリングマシンのオートマトン（プログラム）がなんらかの記号列で記述できるのであれば，それは0と1の2進数に変換できるはずです．実際，英語のアルファベットのそれぞれの文字はASCII符号という7ビットの2進数で表現されます．だったら，「あるチューリングマシンのプログラムを完全に2進数で記述したら，それを読みながらそのチューリングマシンの動作を真似るチューリングマシンが作れるのではなかろうか？」とチューリングは考えたわけです*6．そして，実際それが可能なことをチューリングは証明しました．

どんなチューリングマシンでも，それの真似をすることができるチューリングマシンが存在するということで，彼はこれを「万能マシン」と命名しました．これが「万能チューリングマシン」です．万能チューリングマシンのプログラムは，いわば万能プログラムです．

CPUの働き

狐につままれた気分になった方も多いでしょうから，これを現代のコンピュータに焼き直してもう一度説明しましょう．CPUは巨大なオートマトンだという話をしました．その中にはいろい

*6 チューリング自身が「チューリングマシン」という名前を使っていなかったことは明らかです．

ろな演算装置が含まれています．それらと，メモリに書かれたデータをどのような順序で組み合わせて動かすかをどこかでプログラムとして記述しないといけません．万能チューリングマシンと同様，この記述もメモリの中に書きます．これが「プログラム内蔵方式」の意味です．

プログラムはメモリの中では，多数の命令に分割されて書き込まれます．通常はデータと離れた場所に書かれます．CPU は，万能チューリングマシンと同様，2 進数で表現された命令を 1 つずつ読み込んで，それが何を意味するかを解釈して，必要なデータと必要な演算装置を組み合わせて実行します．これを繰り返すわけです．命令を解釈・実行する回路は制御装置と呼ばれ，演算装置とは別の回路になっています．

命令の解釈？　実行？　はい，少し説明を急ぎすぎました．具体的イメージが掴めるようにもう少し丁寧に説明しましょう．

現代のコンピュータのメモリは大きさを揃えてきれいに並べられて，番地が振られています（図 14）．区画整理の行き届いた団地のようなものです．番地も数値ですから，2 進法で表わすこと

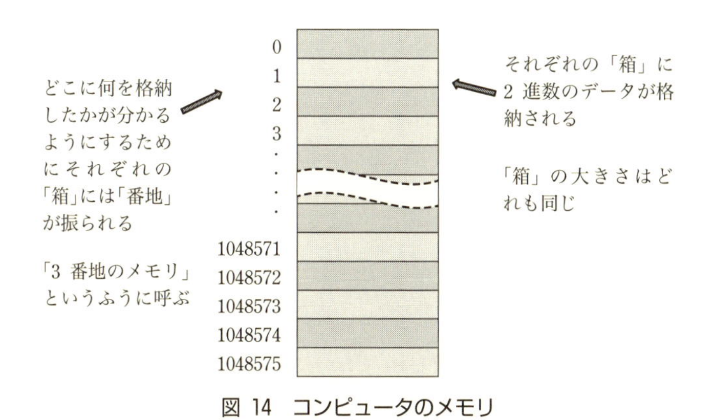

図 14　コンピュータのメモリ

ができます．かなり単純化して説明しますが，命令というのは，どの演算装置をどの番地のデータとどの番地のデータに働かせて，その結果をどの番地に書き込むかということの指示です．

どの演算装置かという指定も，演算の種類を指定できるだけの大きさの2進数で指定できます．例えば，足し算は000，引き算は001，掛け算は010，…といった具合です．10000番地（2進数で書いています）と10001番地に入っている数を足した数を10010番地に入れるという命令は，

000100001000110010

と書けるわけです．分かりやすく区切って書くと

000 10000 10001 10010

です．CPUの中の制御装置（チューリングマシンの万能プログラムに相当するもの）はこれを見て，「お，これは足し算だな．ふむふむ，で，何と何を足すかというと10000番地のデータと10001番地のデータか，よし，じゃあ，これを足し算装置に与えてお尻を蹴飛ばそう．そしたら足し算装置は目を覚まして2つのデータを読み込んで足し算するはずだ．あ，そうそう，せっかく計算した結果はどうするのかな？　なるほど，10010番地に書き込むのだな．」実際，こんなコンピュータはありませんが，これで基本は理解できるでしょう．

チューリング完全

命令はメモリの中で順番に並んでいるので，1つの命令を実行し終わったら，その次の番地にある命令を実行します．

あれ？　チューリングマシンの万能プログラムがCPUの制御

装置なの？　プログラムはソフトウェアで回路はハードウェアじゃないの？と思われた方がいらっしゃるでしょう．これはオートマトンを記述するプログラムがハードウェアで実現されたからです．つまり，プログラムというのはなんらかの動作を記述するものなので，それが実際にはハードウェアとして実現されても不思議ではありません．

実際，CPU に入っているような集積回路（論理素子で構成された巨大な論理回路）を，配線図ではなく，文字で記述する方法があります．見かけはどう見てもプログラム風のものを書いているのですが，それがそのままハードウェアの設計書になっています．

こう見てくると，ちょっと不思議な感覚がしてきます．ある CPU の中の万能プログラム，つまり命令を解釈・実行する制御装置で，好きなプログラムが実行できるとすると，その「好きなプログラム」として，違う種類の CPU の制御装置の設計書，つまり命令解釈プログラムを走らせるとどうなるでしょう？

ある CPU A があり，それとは違う命令体系を持った CPU B があったとしましょう．CPU B の設計書と CPU B に与えるプログラム C と，C が処理するデータ D が例によってすべて 2 進数で書けるのですから，CPU A の上で CPU B の設計書を解釈しながら，プログラム C をデータ D に対して実行させることができるはずです．

これは通訳を通して対話するようなもので，CPU B の上で直接プログラム C を走らせるより，とても遅くなってしまいますが，CPU B の代わりに CPU A を使うことができてしまうのです．大昔にはとても面白いコンピュータがあり，それを現代のコンピュータを使って楽しみたいと思う人がいます．あるいは，大昔のコンピュータでしか動いていなかったプログラムを実行したいこともあるでしょう．大昔のコンピュータは現在に比べるととても遅かったので，上のような解釈・実行の手間が増えても大丈夫です．

要するに，ほかのコンピュータの真似をするわけです．CPU A のプログラムが，いちいち CPU B の設計書を見てからプログラム C のそれぞれの命令を解釈しているのではさすがに遅すぎるので，エミュレーションなど，速くするためのいろいろな工夫があります．

万能チューリングマシンがどんなチューリングマシンも真似ることができたのと同様，現代のコンピュータは，ちょっと遅くなることを気にしなければ，どんなコンピュータも真似ることができます．つまり（実行時間を気にしなければ）解ける問題の種類，あるいは可能な計算の範囲は同一ということになります．

チューリングマシン以外にもいろいろな理論マシンが作られましたが，どれもお互いに真似しあうことができることが証明されてしまいました．チューリングマシンで計算可能とされるものは，きれいに閉じた1つの範囲に納まったのです．チューリングマシンを真似できるコンピュータは「チューリング完全」と呼ばれています．真似できれば，チューリングマシンと計算できる範囲について（性能はともかく）同じ能力を持っているからです．

「語」というメモリ単位

さて，少し前に，現代のコンピュータは2進数が大好きと書きました．ほとんどすべてのコンピュータはバイト（8ビット）を最小メモリ単位にしています．しかし，これでは大きな数などを表わすのに不便なので，メモリの連続した番地のバイトを2個，

4個，8個集めて，より大きな「語」というメモリ単位にすることがほとんどです．

今どきのPCに入っているコンピュータは4バイト（32ビット），あるいは8バイト（64ビット）を通常の「語」にしています．32ビットOSとか，64ビットOSとかいう言葉を聞いたことがあると思いますが，これはそのOSが主として扱う語が何ビットであるかを意味しています．

私が生まれてから4番目に触ったのはDEC社のPDP-11というコンピュータでした．このコンピュータは2バイト，つまり16ビットが1語でした．命令は語の単位で分割されていました．数も16ビットで表現できる範囲が基本でした．もう記憶が薄れましたが，ある番地に書いてある命令が

0110000000000001

だったら，0番のレジスタ（最も高速なメモリ）と1番のレジスタの中に入っている数を足し，その結果を1番のレジスタに入れる．つまり1番のレジスタの中の数を0番のレジスタにある数だけ増やす，という意味になります．これを実行したら次の語に書いてある命令を解釈・実行しにいくわけです．私は当時これを見て，コンピュータの制御装置なみに意味が読み取れました．もっとも，これを

0110 000 000 000 001

と区切ってから読むのです．最初の0110が足し算を表わし，次の000 000が0番のレジスタ，000 001が1番のレジスタを意味します．

「0番？」といぶかしく思った人がいるかもしれません．コン

ピュータの世界では 1 番から数えずに，0 番から数えることが多いのです．学校で習った自然数は 1 から始まるのでちょっと慣れないかもしれないですね．

でも，私がエジプトで講義をしていたとき，学生たちにこのことを聞いたら，彼らは子供のときから 0 番スタートに慣れていると聞きました．エレベータは 1 階が G（グラウンドの意味，0 に見えないこともありません)，2 階が 1 です．

さて，この節では，コンピュータの奥底で何が起こっているかについて説明しました．簡単入門というわりには難しかったかもしれません．でも気にする必要はありません．そんなことが分かっていなくても，ビデオ録画の予約はできるし，洗濯機も回せます．でも，もう少し先を読み進むと，自ずとここに書かれたことが理解できるようになるはずです．

6　もう少しリアルなコンピュータ

前節のようにコンピュータをことさら難しそうなものとして書くのはいかがのものかと，正直私も思います．でも，これを説明しないと，自動車のエンジンがガソリンを気化させ，点火プラグで爆発的燃焼をさせて回っていることも理解していないような，根無し草のような理解になることも事実です．

だから，ちょっとの間，みなさんに我慢してもらいました．ここではもうちょっとリアルなコンピュータをなるべく強面でなく説明することにしましょう．この節では 2 進数も忘れることにします．

フィボナッチ数列という言葉を聞いたことがあると思います．最初は 1，次も 1．その次はその前の 2 つの数を足した数，すなわち 1+1=2 です．その次もその前の 2 つの数を足した数，すなわち1+2=3です．以下同様にどんどん数を生み出していきます．

1, 1, 2, 3, 5, 8, 13, 21, 34, 55, 89, 144, 233, 377, …

という具合に進んでいきます．なんかゾロ目が出やすい？というのは気のせいです．こんな数列を考えて何が面白いのだ？と思うのも気のせいです．フィボナッチ数列についてはそれだけで 1 冊の本が書けるくらい，自然界や人間界に深い関係があります．

例えば，絵画でよく出てくる黄金比 1.618... は，フィボナッチ数列の連続する 2 つの数の比がどんどんそれに近づいていった結果です．といっても，8/5 でもう 1.6，89/55 でもう普通に使う近似値 1.618 になってしまいます．黄金比は美を表わす比だという説もあります．

そういう人為的な話ではなく，植物の葉の生え方，花弁の並び方，動物の家系図など，いろいろなところにフィボナッチ数列が出てきます．コンピュータのメモリは番地で番号付けられているという話をしましたが，メモリの管理法にフィボナッチ数列を利用した例もあります．

フィボナッチ数列の計算

いかにも数学の遊びのように見えるフィボナッチ数列は実は結構興味深いものなのです．だったらちょっと計算してみたくなりますね．前節で述べたように最初の 1 は 0 番目の数，次の 1 は 1 番目の数と 0 番スタートで数えることにします．

数列の数を 0 番目から 10 番目までをすべて求めて，それぞれ 0 番地から 10 番地のメモリに書き込んでみましょう．ここでは，番地は 32 ビットの数が表現できる語を表わしているとしましょう[7].

0 番目の数は 1 なので，0 番地には 1
1 番目の数は 1 なので，1 番地には 1
0 番目と 1 番目の数を足した 2 番目の数は 2 なので，
　2 番地には 2
1 番目と 2 番目の数を足した 3 番目の数は 3 なので，
　3 番地には 3
2 番目と 3 番目の数を足した 4 番目の数は 5 なので，
　4 番地には 5
以下同様にして
8 番目と 9 番目の数を足した 10 番目の数は 89 なので，
　10 番地には 89

という具合です．これをコンピュータの命令に近いけれども，日本語として読める形で書いてみましょう．

レジスタ 0 は足し算をする 2 つの数の小さいほうを保持します．レジスタ 1 は足し算をする 2 つの数の大きいほうを保持します．レジスタ 2 は足した数を入れる番地を表わします．数値ではなくて，番地の値ということに注意してください．例えばレジスタ 2 が 3 のとき，レジスタ 2 は数値の 3 ではなく，3 番地を指していると言います．

普通のデータだけではなく，メモリの番地の値までデータとして扱っているところがミソというか，すごいところだと，とりあえず感心しておいてください．なお，レジスタもメモリ単位に合わせて 32 ビットのデータが表現できるものとします．

＊7　現代のコンピュータでは 1 バイトずつに番地を振るのが普通です．だから，データを表わす番地は 4 番地おきとか，8 番地おきとかになります．

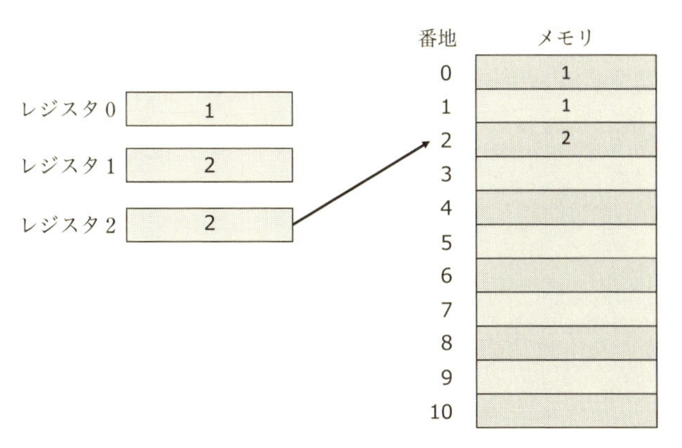

図 15　フィボナッチ数列の２番目までが求まったところ

レジスタ０に１を書く．
レジスタ１に１を書く．
レジスタ２に０を書く．
レジスタ２の指している番地（今は０番地のメモリ）に
　　レジスタ０の値を書く．
レジスタ２を１増やす．これによってレジスタ２の指し
　　ているメモリが変わります．
レジスタ２の指している番地（今は１番地のメモリ）に
　　レジスタ１の値を書く．
レジスタ２の値を１増やす．
レジスタ０に書かれた値とレジスタ１に書かれた値を足し，
　　その値をレジスタ２の指している番地に書く．
レジスタ１の値をレジスタ０に書く．
レジスタ２の指している番地（今は２番地のメモリ）に
　　書かれた値を，レジスタ１に読み込む．

ここまで10個の命令を順番に実行しました．そのときのコンピュータのメモリの様子を図15に示します．レジスタ2はメモリの番地を表わしているので，矢印でそれに対応するメモリの語を指し示しています．

逐次実行

ここまでの説明を読んで，なんだかご都合主義だな，と感じた読者は鋭いです．そう，レジスタ0と1は数のデータを表わしているのに，レジスタ2が番地を表わしているなんて，誰が決めたのでしょう．どっちも2進数の数値が書いてあるだけです．数に貴賤はないと昔の偉い人が言っていたような気がします．

実はこれはこの命令の列を書いた人の「心の中のお約束」なのです．本書を読む前にC言語のポインタのところで理解を放棄した方もおられるかもしれません．まさにレジスタ2はポインタ，つまり番地を指し示すものとして使われています．データも番地もプログラムもすべて2進数で表現されているので，正しく「心の中のお約束」をし，それを最後まで忘れないことが重要です．

さあ，最初の1を2つ書いたあとは今実行した命令列の最後の4つの命令列を繰り返すだけです．

レジスタ2の値を1増やす．
レジスタ0に書かれた値とレジスタ1に書かれた値を足し，
　　その値をレジスタ2の指している番地に書く．
レジスタ1の値をレジスタ0に書く．
レジスタ2の指している番地に書かれた値を，
　　レジスタ1に読み込む．
　　……………

同じ繰り返しなので全部は書きません．最初のも含めてこの4つの命令列をいくつ並べればいいでしょう？　繰り返しの最初の命令列が2番地のメモリに対応しているので，10番地のメモリまでは，2から10，つまり9つ並べればいいことが分かります．そうすると結局命令を全部でいくつ並べればいいでしょう？　簡単な算数ですが，最初の準備のための6命令に，4×9=36を足せばいいので，42個の命令が並ぶことになります*8．

大事なことは，順番に並べて書かれた命令列が最初からその通りの順序で実行されることです．箇条書で書かれた手順書を上から順番に実行していくのと同じです．これを「逐次実行」と呼びます．とても重要な概念なので覚えておきましょう．

図16に最後の命令（0番スタートだと41番目の命令）が実行された直後のメモリの様子を示します．確かに0番目から10番

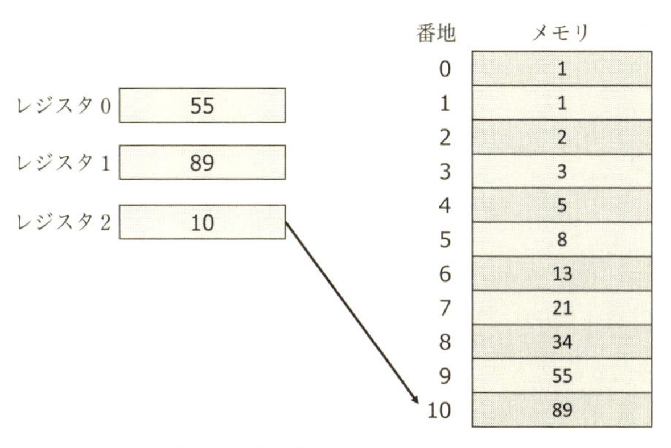

図16　フィボナッチ数列の10番目まで求まったところ

*8　一番最後の2命令は，次の繰り返しのための準備なので実は不要です．だから，本当は40個の命令で十分です．しかし，簡単のため，以下も最後の余分の2命令は実行するという書き方をします．

目までのフィボナッチ数列がメモリに書き込まれていることが分かります．なお，0番スタートなので書かれた数が，全部で11個になることに注意しておきましょう．意外と間違えやすいです．

あれ？　コンピュータはこのあとどうするのでしょう？　簡単です．次の番地に書かれた2進数を命令だと思って実行しにいきます．なので，

ここで計算終了

という命令をちゃんと書いておきます．「ここで計算終了」は，コンピュータがメモリに書かれていた2進数を命令と誤解して暴走しないために重要です．

実際，コンピュータウイルスという悪意のあるプログラムは，データをプログラムとして実行させるという仕組みを悪用します．

ジャンプ命令

さて，まったく同じ命令列を繰り返して並べるのは芸がありません．命令列の格納のために貴重なメモリを消費してしまうのも気になります．

実際，10までだからよかったのですが，これが40にもなると命令列が全部で6＋(39×4)＋1＝163語になります．ちなみに（0番から数えて）40番目の値は165,580,141，28ビットの数なので，まだ32ビットの語に納まります．

同じ命令列を何度も繰り返して実行するうまい方法はないでしょうか？　ヒントは命令列も番地のついたメモリに入っていることです．そういえば，さきほどの命令列の最初がどこにあるかを

示していませんでした．コンピュータに最初の命令が何番地にあるかを教えてやらないといけません[*9]．

つまり，「何番地から実行しなさい」という命令が必要ということです．実際どんなコンピュータにもこの命令があります．今実行している命令から次の番地の命令に行かずに，遠く離れた番地にある命令の実行に飛ぶのでジャンプ命令と呼びます．だから「何番地にジャンプ」と書くことにします．

無限ループ

今度は最初に紹介した命令列に，命令が格納されている番地の情報もつけて書きます．仮に400番地から命令列に格納されているとします．さっきと同様，番地は読みやすくするために10進数で書くことにしましょう．

400 レジスタ0に1を書く．
401 レジスタ1に1を書く．
402 レジスタ2に0を書く．
403 レジスタ2の指している番地（今は0番地のメモリ）に
　レジスタ0の値を書く．
404 レジスタ2を1増やす．
　これによってレジスタ2の指しているメモリの番地
　が変わります．
405 レジスタ2の指している番地（今は1番地のメモリ）に
　レジスタ1の値を書く．
406 レジスタ2の値を1増やす．

*9 コンピュータの電源を入れたときに実行し始める番地は固定されています．そこにはコンピュータを立ち上げるための手順が書かれた固定のプログラムが書かれています．

407 レジスタ 0 に書かれた値とレジスタ 1 に書かれた値を
足し，その値をレジスタ 2 の指している番地に書く．
408 レジスタ 1 の値をレジスタ 0 に書く．
409 レジスタ 2 の指している番地に書かれた値を，
レジスタ 1 に読み込む．
410 406 番地にジャンプ

このように 410 番地に「406 番地にジャンプ」と書けば，繰り返しの 4 命令，業界の言葉で言うと 4 ステップ*10 を繰り返すことになります．実際はジャンプ命令の実行も含むので 5 ステップの繰り返しです．

でも，変ですよね．これだと繰り返しが無限に続いてしまいます．10 番地までどころか，どんどん進んでいって，400 番地からプログラムが格納されているところまでどんどん書き進めていってしまいます．どうなるでしょう？

命令を意味する 2 進数が，データの 2 進数で書き換えられてしまいます．つまり，意図した命令ではなくなるので，それを命令と思ったコンピュータは暴走してしまうでしょう*11．その前に 32 ビットで表わされる範囲の数を超えてしまうので，46 番地からは意味のない結果になります．

条件付きジャンプ

なんとかして繰り返しを 9 回で止めないといけません．無条件

*10　命令を 1 個実行するのが 1 歩進むのと似ているからでしょう．
*11　「コア戦争」という，1980 年ごろに日本でも流行したプログラム同士を戦わせるゲームがありました．これはメモリの中でどこにいるか分からない相手のプログラムをメモリ書き込み命令で破壊することが基本戦術という，実に変わったゲームです．

にジャンプするのではなく，繰り返しが９回目までだけ406番地に戻るようにするのです．このためには無条件にジャンプするのではなく，ある条件が満たされたときのみジャンプするという，条件付きジャンプ命令が必要になります．

条件付きジャンプ命令は，通常その直前の比較命令の結果を受けてジャンプするかしないかを決めます．ジャンプしない場合は，逐次実行と同じく，次の番地に書かれた命令を実行します．比較命令は，２つの数の大小あるいは等しいかどうかなどをチェックします．

２つの数を比較しないこともあります．例えば演算の結果がゼロだったら（あるいはゼロでなかったら），その次の条件付きジャンプ命令で，ジャンプするということができます．CPUは１回前くらいの演算実行結果を記憶しているわけです．実際のコンピュータには多種類の条件付きジャンプ命令が備わっています．

さて，条件付きジャンプ命令があるとして，どうやったら繰り返しを９回だけにできるでしょうか？　どう考えても繰り返しの回数を測るもの，つまりカウンタが必要ですね．ここでは９から始めて，１回繰り返しが実行されるたびに１つずつ減っていく「減算カウンタ」を使いましょう．減算カウンタの値がゼロになったときだけジャンプしないようにするのです．同じことですが，減算カウンタがゼロでなければジャンプ，つまり繰り返しを続けるというふうにします．

レジスタ３を減算カウンタとして使いましょう．レジスタってそんなにたくさんあるの？　と聞かないことにしましょう．４個ぐらいはあります．こうして書いたのが以下の命令列です．以前と番地が少しずれていますが，読むのに苦労はしないでしょう．

400 レジスタ 3 に 9 を書く.
401 レジスタ 0 に 1 を書く.
402 レジスタ 1 に 1 を書く.
403 レジスタ 2 に 0 を書く.
404 レジスタ 2 の指している番地（今は 0 番地のメモリ）に
　レジスタ 0 の値を書く.
405 レジスタ 2 を 1 増やす.
　これによってレジスタ 2 の指しているメモリの番地
　が変わります.
406 レジスタ 2 の指している番地（今は 1 番地のメモリ）に
　レジスタ 1 の値を書く.
407 レジスタ 2 の値を 1 増やす.
408 レジスタ 0 に書かれた値とレジスタ 1 に書かれた値を
　足し，その値をレジスタ 2 の指している番地に書く.
409 レジスタ 1 の値をレジスタ 0 に書く.
410 レジスタ 2 の指している番地に書かれた値を，
　レジスタ 1 に読み込む.
411 レジスタ 3 を 1 減らす.
412 今の結果がゼロでなければ 407 番地にジャンプする
　(条件付ジャンプ)
413 ここで計算終了

繰り返しのステップ数が 6 に増えてしまいましたが，許してもらいましょう．でも，いくらコンピュータが速くても 4 ステップが 6 ステップになるのは勘弁してよ，というスピード狂がいるかもしれません．実際，スピード命のプログラムでは数回程度の繰り返しは最初のプログラムのように繰り返さずに同じ命令列を書き並べることがよくあります．

条件分岐

条件付きジャンプは繰り返しのためだけではありません．場合分けをしたいときにも役立ちます．

コラッツの予想という有名な問題をご存知でしょうか．これは，1以上の整数nが与えられたとき，以下を繰り返します．

$n=1$なら，計算は終り．
nが偶数なら，2で割ってそれを新たにnとおく．
nが奇数なら，nを3倍してさらに1を足したもの，
　　つまり$3n+1$を新たにnとおく．

最初のnがなんであっても，いつかは1になって計算が終るというのがコラッツの予想です．nが奇数だったら$3n+1$は必ず偶数なので，増えたり減ったりしながら，いつまでも大きな数が出てくることがありそうですが，今は10進で19桁の数ぐらいのnまでは必ず1になることがコンピュータによって確かめられています．

コンピュータの無駄遣いのような気がしないでもないですが，そこに山があるから登るのと同様，そこに問題があれば解いてみようというのは人間のサガです．

大きくない数でコラッツの問題を確かめるプログラムを書いてみましょう．0番地に最初のnが入っているものとします．プログラムは100番地から開始です．

100 レジスタ0に0番地のメモリの値を書く．
101 レジスタ0と数1を比較する．
102 等しかったら109番地にジャンプする．

103 レジスタ 0 が奇数だったら 106 番地にジャンプする.

104 レジスタ 0 の値を 2 で割る.

(レジスタ 0 は 2 で割った数になります)

105 101 番地にジャンプする.

106 レジスタ 0 の値を 3 倍する.

(レジスタ 0 は 3 倍した数になります)

107 レジスタ 0 の値に 1 を足す.

(レジスタ 0 は 1 増えた数になります)

108 101 番地にジャンプする.

109 ここで計算終了.

煩わしい書き方ですが，コラッツの予想の計算をちゃんと実行しています．鋭い読者は 108 番地にあるジャンプ命令は

108 104 番地にジャンプする.

としたほうが無駄がなくていいことに気がついたでしょう．前に書いたように，$3n+1$ は必ず偶数になるからです．プログラミングではいつも無駄を省く気配りをしてほしいものです．

さらに言うなら，103 番地の命令を「偶数だったらジャンプ」にしてプログラムを組み替えると，奇数の処理のあとにそのまま続けて偶数の処理が書けるので，ジャンプ命令が 1 つ減ります．

このように条件によって実行する命令列を分岐させることを「条件分岐」と呼びます．さて，これで「逐次実行」，「条件分岐」，「繰り返し」という 3 つの重要な概念を学んだことになります．この章でもう 1 つだけ紹介しておきたいものがあります．それは「並列実行」の概念です．

並列実行

これまではCPUが１個しかないという暗黙の前提で説明してきました．２個以上のCPUがあったら，計算を複数個のCPUで同時に行えます．これを「並列実行」と呼びます．並列実行すると，１個のCPUではできない計算ができるような気がしますね．残念ながら，並列実行は１個のCPUで「真似」できてしまうので（その代わり遅くなります），計算が可能かどうかという意味では能力は増えません．同じ計算が速くなる，つまり，速度性能が上がるだけです．

今まで毎年毎年CPUの速度性能が上がってきましたが，ようやく頭打ちになってきました．これからはCPUを複数個，それも100個とか1,000個とかを同時に動かすことによって性能を上げる時代になってきました．

ゲーミングPCと呼ばれるパソコンには，CPUのほかにGPUという新しいタイプのコンピュータが内蔵されて，映像性能を上げています．GPUの内部では非常に多くの小さな計算が並列実行されています．

１個のCPUだけでもプログラミングはシンドイのに，何個ものCPUを協調させて計算を行わせるのは相当にシンドイ．まさにプログラミングに関する研究の最先端と言っていいでしょう．

コラム：現代のコンピュータに似ていて最も古いものは？

いろいろ調べていたら，1800年ごろのジャカード自動織機がそれじゃないかと思えてきました．つづれ折りの紙に開けられた穴を検知して織物の模様を決めていく機械（図17）です．穴が開いていない，開いている，の区別はまさに2進数の0と1です．

織機はこの「プログラム」を「逐次実行」していきます（それしかできないですが）．今から200年以上前とは思えないくらいコンピュータの仕組みにそっくりです．

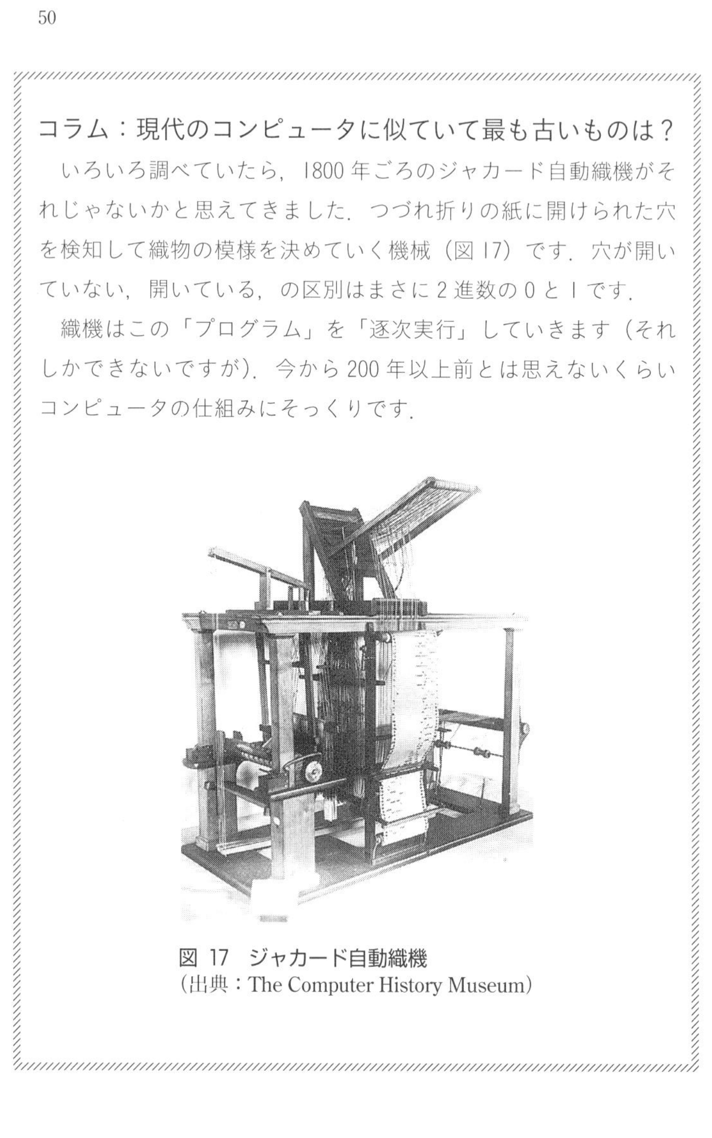

図 17　ジャカード自動織機
(出典：The Computer History Museum)

第2章
プログラムとは？ プログラミングとは？

入門と言いながら，ちょっと面倒だった１章とは異なり，この章はぐっとやさしい内容になるはずです．お題は「プログラムとは？ プログラミングとは？」です．この章を読んで，実はプログラムもプログラミングも日常生活の中にありふれていることを理解していただければと思います．最後に良いプログラミングに必要な資質についてちょっと触れます．

1　そもそもプログラムとは？

コンピュータが世の中に登場する前にすでに「プログラム」という言葉は存在していました．英国式では programme と綴り，米国式では program と綴ります．

プログラムの語源

語源をたどると，ギリシャ語の「公布」とか「布告」を意味する言葉にたどり着くようです．pro は「前」とか「前もって」という意味の接頭辞です．proceed（前に進む），prophet（預言者），projector（前に投げるので，投影機）など，pro が前につくお馴染みの単語がたくさんありますね．

後ろの gram は重さの単位も表わしますが，実はギリシャ語の「書かれたもの」あるいは「文字」から来ています．書かれた文字自体は軽いので，重さ（軽さ？）の単位に転じたようです．

gram が後ろについた単語には主に医学分野の専門語が多いのですが，文字を入れ替えて別の意味にするアナグラム（anagram）は言葉の遊びですね．dormitory（学生寮）を並べ替えると dirty room（汚い部屋）になるとは傑作です．cryptogram は暗号です．いろいろなシステムを抽象的な図式で表わすのは diagram です．

ご存知，棒グラフは histogram です．

というわけで，program は「前もって書いたもの」という根源的意味を持つようです．北米で program と綴るようになる前の英国式の programme は，劇場で上演される演目，音楽会の演奏曲目の順序，式典の式次第など，起こるべきことを計画したものという意味で使われていました．ラジオ放送は 1920 年ごろに米国で始まりましたが，そのときの番組表がまさにプログラムでした．

さまざまなプログラム

体や技能をある手順に従って系統的に鍛えていく仕組みをトレーニングプログラムとも言いますね．どういう順序でどういうふうに進めていくかには，そのトレーニングプログラムを作る人の深い経験や知識が役立ちます．ラジオ放送のプログラム作りだと，一家団欒の時間帯にはどんな番組がいいかなど，プロデューサが腕を見せるわけです．学校での時間割もまさにプログラムです．

そうかと思うと，人を減らしたい会社の「早期退職プログラム」というのもあります．これはあらかじめ仕組んだうまい仕掛け（？）で，早めの退職を促すわけです．このような大枠の仕組みのことをプログラムということがあります．

また，選挙において，政党が公約する，いわゆるマニフェスト（選挙公約）をプログラムと呼ぶこともあるそうです．コンピュータのプログラムが，書いた人の思い通りに動いてくれないことがしばしばあるように，こういったプログラムが書いた（設計した）人の思い通りにいかないこともしばしばあるようです．

実際，式典の式次第はいつも完全にその通りに進むわけではありません．挨拶すべき人が交通渋滞に巻き込まれてその時刻に間に合わなかったりすることがあります．つまり，式次第はあくまでも予定，あるいは目論見なのですね．これはコンピュータのプログラムでも同じです．その鍵は pro，つまり「前もって」が難しいことにあります．

会社や組織の仕事の流れ（フロー）を順序だてて決めた手順書も，ある意味でプログラムです．フロー通りにやれば，会社や組織の仕事はスムーズに進みます．

これをどんどん敷衍すると，起こり得ることにあらかじめ対策を定めておく「法律」や「契約書」もプログラムと言えないことはないでしょう．実際，法律や契約書には，コンピュータのプログラムと同じくらい緻密な論理が必要です．それでも「ここに定めなきことは，双方の話し合いで決める」などという逃げが含まれたりします．

さて，1 章ではコンピュータの「プログラム」について，コンピュータの仕組みを紹介しながら説明しました．コンピュータのプログラムは，コンピュータの動作の手順をあらかじめきっちりと定めることが大切です．もっとも「きっちり」があまりに「きっちり」だとそれを書く人間が窒息してしまいます．

実際にプログラムを書くこと，つまりプログラミングでは，隅から隅まで「きっちり」と指定しなくて済むように，いろいろな工夫がなされています．3 章で説明しますが，プログラミング言語がその役目を担っています．

2　そもそもプログラミングとは？

プログラミングとは何でしょうか？　これはもう簡単ですね．

プログラムを書くという動詞の program に ing をつけて名詞化したのがプログラミング（m がダブるので programming）で，文字どおりプログラムを書く行為を意味します．

プログラムとプログラミングの違い

どっちも同じようなものだと言わないでください．名詞としてのプログラムとプログラミングには，楽譜と作曲ぐらいの違いがあります．私は多少楽器をやるので楽譜は読めますが，作曲はできません．

多くの人にとって，ゲームのプログラムを買ってきて自分のパソコンで楽しむことは簡単ですが，自分でゲームのプログラムを書くことはやさしくないでしょう．コンピュータはプログラムを実行できますが，コンピュータがちゃんとプログラミングを行うことは現在の技術ではまだ遠い目標です．

日本工業規格（JIS）では，プログラムを書くための言語を「プログラム言語」としています．しかし，英語圏では program language という言い方はほとんどしません．programming language です．「プログラムを書く」ための言語という意味合いで，私もそうですが，多くの専門家は「プログラミング言語」のほうを使います．

強いて言えば，「プログラム言語」はプログラムが書かれている言語という解釈になります．重要なのは「プログラムを書く」ほうなので，私は「プログラミング言語」のほうがいいと思っています．でも一旦決まった JIS は，そう簡単には変えられません．困ったことです．

同じことを行うプログラムは，言語の差も入れればいくつでもありますが，同じことを行うプログラムを書くプログラミングの流儀の種類はそれよりさらにたくさんあるように思われます．

世の中にはだからこそプログラミングは楽しいと思う人と，だからこそ困ると思う人の２種類いるようです．後者は主に，依頼されたプログラムまたはソフトウェアを納期にちゃんと間に合うように作らないといけないソフトウェア会社の偉い人たちでしょう．

3　おばあちゃんに「プログラムって何？」と聞かれたら？

私は大学でプログラミングについて教えていました．情報工学科の学生だったり，数学科の女子学生だったりしましたが，どちらも学部３年生でした．具体的なプログラミングの勉強は一応しているはずの学生たちです．

そういう学生たちに投げかけた最初の質問が「コンピュータのプログラムなるものを，あなたのおばあちゃんにどう説明する？」でした．当時の学生たちのお母さんたちだと，プログラムを知っているかもしれないので，わざとおばあちゃんにしたのです．

もちろん，おばあちゃんに対して，コンピュータの入門から説明し始めていたら日が暮れてしまいます．だから，簡単な比喩などを使って，おばあちゃんにプログラムが何たるか，つまりプログラムの本質を理解してもらわなければなりません．

昔もそうだったような気がしますが，このごろの学生さんは当てないとなかなか答えてくれません．それでも時おり，私の思っていた正解を言ってくれる学生がいました．私の想定していた正解は「料理のレシピ」です．これならおばあちゃんにも理解してもらえます．

料理のレシピ

料理のレシピは，料理の手順について書いたものです．火加減や調理器具の違いで多少の差は出るでしょうが，大体それに従って料理を進めれば，ちゃんと食べられる料理が出来上がります．ただし，ちょっと前提条件が必要です．

20年ほど前，私は3年間ほど単身赴任をしました．自分で料理をする羽目になったのです．そのとき買った本は『non・noお料理基本大百科』（集英社，1992年）という分厚い本でした．実は，個々のレシピには表立っては書かれない料理の基本，あるいは常識が重要です．

例えば，味付けの基本は「さしすせそ」．つまり，味をつけるのは砂糖，塩，酢，醤油（せうゆ），味噌の順だという常識です．特に砂糖が先というのは重要です．皮の剥き方，灰汁（あく）の抜き方，野菜の切り方，海老の加熱法などなど，ほかにもいくらでもあります．

おばあちゃんはこういう基本をちゃんと心得ています．コンピュータのプログラムの場合，これはコンピュータの仕組みをある程度理解できていることに相当します[*1]．だから，1章の理解は無駄ではありません．

竹内流ホタテとワカメの煮物

こういう基本があった上で，レシピを参考にすると，言外の常識を活用して，美味しい料理が作れるわけです．さて，具体的な

＊1　業界に詳しい方なら，ヘネシー＆パターソンの有名なコンピュータアーキテクチャの教科書が上述の『non・noお料理基本大百科』に相当すると言えばお分かりでしょう．

レシピの構造を少し詳しく見てみましょう．と言っても私の自己流のレシピです．

超簡単にできて，ほとんどのお客さんが美味しいと言ってくれる私の得意料理の1つが，ホタテとワカメの煮物です．酒のつまみに最適です．用意するものは，下記のものだけです．

加熱済みミニホタテ　1パック
生ワカメ　1パック
ミリン　80〜100 cc（上の材料の分量による）
お酒　80〜100 cc（ミリンと同量）
白ダシ　大匙1〜2杯程度（できたら，味の強いものと，香りのいいものの2種類）

生ワカメは適当な大きさ（最長で5 cm ぐらいになるように）切っておきます．

小鍋にミリンとお酒を等量入れます．ミリンを先に入れたほうが計量カップにミリンがねばつかないので経済的です．ミニホタテをパックからそのまま鍋に入れて煮立てます．

ブクブク泡が出て，汁のアルコールが飛び，ホタテの味が出てきたら，白ダシをレンゲに1杯入れます．あとは味見をしながらちょこちょこ追加します．白ダシが2種類あれば，香りのあるほうを後に入れます．この段階で味がちょっと濃いかなという程度にします（実は，生ワカメの水っぽさというか乾き具合に合わせて微妙に調整します）．

それから，カット済みの生ワカメを入れ，ざっとかき混ぜて10秒以内に火を止めます（煮すぎると生ワカメが変色してまずくなります）．それからもうちょっとかき混ぜて，すべてのワカメに軽く熱が通るようにします．

図１　竹内流ホタテとワカメの煮物

はい，これでおしまい．10分かかりません．図1は私が調理したものです．

これは冷めて味が染み込んでからのほうが美味しいのですが，出来立てでも十分美味しい．冷蔵庫に入れておけば，4日ぐらいは平気で持ちます*2．

でも，その前にパクパクと食べてなくなると思います．ミリン，お酒など甘いもので先に煮て，あとで白ダシを入れるのは「さしすせそ」の基本通りです．

レシピのプログラム分析

さて，このレシピは，まず用意すべきもののリストアップから始まります．これはいわば多くのプログラムにある「宣言部」のようなものです．どういうわけか，小鍋とかまな板とか包丁とかは書きません．当り前だからでしょうか．

生ワカメをカットしておくのは「初期化部」ですね．まずはこ

＊2　生ワカメはそのまま冷蔵庫にいれておくと比較的早くダメになりますが，上のように軽く熱と味を加えるだけで持ちが良くなるのですね．

れをやっておきなさいということです．そこからはいろいろ書いてありますが，要するにこの順番でやりなさいということです．1章で説明した「逐次処理」のいい例になっています．

途中で「白ダシが2種類あれば，香りのあるほうを後にします」とあります．「あれば」なので，これは「条件分岐」です．ちなみにどうしてそうするかというと，香りがあると謳っている白ダシは塩分が少し弱めなので，味の微調整で「あっ，入れ過ぎた！」といった間違いが起きにくいからです．

「この段階で味がちょっと濃いかなという程度にします」とは，レンゲに白ダシをちょっと注いではかき混ぜて，味見する，を繰り返すことを意味します．最初のミリンとお酒の量，ホタテの味のつき具合で，最後に加える塩分が異なる上，白ダシの塩分も銘柄によって異なるからです．

つまり，最後は味覚を頼りに「ちょっと濃いかな」まで，足しては味見を繰り返すわけです．これは終了のための条件をつけた「繰り返し」です．これが逐次処理の中の1つの処理単位として含まれているのです．

こうして，なんと，1章で説明したプログラムの基本要素「逐次処理」，「条件分岐」，「繰り返し」がすべてこの短いレシピの中に盛り込まれていることが分かりました．ここまでおばあちゃんに説明する必要はもちろんありませんが，プログラムとレシピの基本要素の驚くべき一致が見られます．

では，「並列処理」はどうでしょう？　実は，料理では並列処理は日常茶飯事です．実際，上で初期化部と書いた生ワカメのカットは，ホタテを煮始めると同時に，つまり並列に行えばいいのです．私もそうしています．これによって，結果は同じですが，料理開始から完成までの時間が短縮できます．まさに並列処理のご利益です．

ところで，この料理は誰かに教わったという記憶がないので，多分私のオリジナルです．つまり，このレシピを自ら作成したということです．コンピュータの言葉で言うと，プログラムを書いたということにほかなりません．つまり，コンピュータがなくてもプログラミングできるということですね．

クックパッドにレシピを登録している人たちは，コンピュータとは違うところでプログラムを書いていると言ってもいいでしょう．

1つプログラムを書くと，いろいろな応用できますが，このレシピもそうです．さらに生のホタテのヒモ，生昆布の細切りなども加えるとさらに深い味わい食感になります．レシピ通りにやるのではなく，常にその変形を考えるのもプログラミングの楽しみに共通します．

くどいようですが，どういう素材を組み合わせて料理を作ろうかとか，どういうレシピを設計しようかとかを考えるときには，料理の基本を知っておく必要があります．そうでないと，味わうのもおぞましい闇鍋（やみなべ）の世界になりそうです．それがとんでもなく常識を超えた料理につながる可能性のあることは否定しませんが…….

やはりコンピュータの基礎を知っておくことが重要なのです．

4　もう少しプログラムらしい比喩はないの？

プログラムとは何たるかの説明，おばあちゃんにはよくても，料理のレシピだとあまりエラそうな感じがしないなぁ，とおっしゃる方がいるかもしれません．もう少し論理的な匂いのする比喩はないでしょうか？

ゲームのルールもプログラム

程度の差はありますが，ゲームのルールは，前に述べた法律と同様，プログラムに似ています．前もって，起こるべき（やるべき）こと，起こっては（やっては）いけないことをきちんと定めるからです．

この目的で，私の雑談ばかりのプログラミングの講義で紹介したゲームは「カルキュレーション」と名付けられているトランプの独り遊び（ソリテア）です．これのどこがいいかというと，コンピュータのプログラミングにはとても重要な「スタック」の概念がごく自然に出てくるからです．スタックについては「カルキュレーション」のルールの紹介のあとで説明します．

用意するのは1組のトランプ52枚です（ジョーカーは使いません）．遊ぶためにはランチョンマット1枚ぐらいの平らなスペースが必要です．その気になれば，電車の中でカバンを膝に置いても遊べます．このゲームではAを1，Jを11，Qを12，Kを13と見なします．

目的は図2のようにA，2，3，4，5，6，7，8，9，10，J，Q，Kと下から順に積まれた山，2，4，6，8，10，Q，A，3，5，7，9，J，Kと下から順に積まれた山，3，6，9，Q，2，5，8，J，A，4，7，10，Kと下から順に積まれた山，4，8，Q，3，7，J，2，6，10，A，5，9，Kと下から順に積まれた山，この4個の山を完成させることです．

要するに1ずつ増える山，2ずつ増える山，3ずつ増える山，4ずつ増える山なのですが，13を超えたら循環的に1からに戻るわけです．なお，スート（スペード，ハートといった印）は無視

図 2　完成の一例

します．

手札から札がうまい順に出てくることは滅多にないので，一時保管場所を 4 個用意します．最初はどれも空です．

トランプの山を裏返しにしてよく切り，手札として手に持ちます．上から 1 枚ずつめくって次のいずれかを行います．

(1) 出た札が目標とする 4 個の山のいずれかの上に置ければ置いてもよい．
(2) 置けない，あるいは置かないのであれば 4 つの一時保管場所のどれかの上に置く．
(3) 一時保管場所の一番上の札で，目標とする山のどれかに置けるものがあれば，それを一時保管場所から移して置いてもよい．この (3) は好きなだけ繰り返してよい．

手札が空になったあと，目標とする 4 つの山が全部完成したら勝利，一時保管場所に札が残ったら負けです．図 3 に遊んでいる途中の状況の参考例を示しておきました．手前が一時保管場所です．

トランプの独り遊びには機械的な手順が決まっていて，運だけで勝敗が決まるものがありますが，カルキュレーションはかなり頭を使わないと勝てません．今紹介したルールでは一時保管場所が4個ありました．このゲームのマニアは4個ではほとんど勝ててしまうので，一時保管場所を3個に減らして遊びます．

これでも3分の2以上は勝てるようですが，非常に注意深くやらないといけません．3回に2回勝てるというのは確かに絶妙のゲームバランスですね．なお，スマホやPCで遊べるソフトがインターネットにあります．

カルキュレーションのルールのプログラム分析

札を52回，1枚ずつめくっていくのは大きな繰り返しです．1

図3　途中の状態の例（向こう側のできているところは一番上の札さえ見えればよい）

枚めくったあとの動作は（1），（2），（3）の順に逐次処理です．そして，（1）と（2）は条件分岐を含みます．（3）は条件分岐と繰り返しから成り立っています．

つまり，このルール全体は大きな繰り返しの中に逐次処理，条件分岐，さらに条件分岐と組み合わされた繰り返しが含まれるという，結構複雑な構造になっています．もちろん，実際のコンピュータのプログラムはもっと複雑な構造を持ちます．

さて，4個（あるいは3個）の一時保管場所は目標の山に置かなかった札を積み重ねていくところです．ここから目標の山に移せるのは一時保管場所の一番上の札だけです．内側に埋もれた札はその上の札がなくなるまで移せません．これでみんな悔しい思いをするわけです．

達人は保管場所をうまく使い分けて，ここぞというタイミングで一時保管場所の札が芋づる式にきれいにさばけていくように札を積んでいきます．これがこの独り遊びの一番キモになる技術です．

なお，ルールをプログラムだと書きましたが，札をめくったときにどうするべきかを具体的に記述していないので，未完成のプログラムです．これを完全なプログラムにするのは，人工知能の問題と言っていいでしょう．

後入れ先出しと先入れ先出し

このように札（データと読み替えましょう）を保管した順の逆順，あるいは積んだ順の逆順にしか取り出せない保管場所をスタック（stack）と呼びます．重いタイヤを横にして積み上げたら，最後に積んだタイヤから順にしか取り出せませんね．要するに単純に積んだらスタックになってしまうわけです．

後に入れたものから先に取り出すので，「後入れ先出しスタック」とも呼びます．これは逆の見方をすると最初に入れたものは最後にならないと取り出せないことを意味します．

スーパーマーケットの荷物搬入場によく「先入れ先出し厳守」と書いてありますが，これは品物を届いた順に積んでいくと，一番下の箱の商品が賞味期限切れになってしまうからです．処理すべき仕事の書類を上から積んでいったら，最初に処理すべきものがどんどん下に沈んでいってしまいます．洗濯したタオルを仕舞うときもスタックにならないように注意しないといけません．

実は世の中で見かけるほとんどのものは「先入れ先出し」のルールに従っています．サービス窓口に並ぶ人の行列はそうですね．先に並んだ人が先にサービスを受けるという当たり前のことが実現されています．コンピュータのデータ処理でも「先入れ先出し」，つまり先着順に処理することが当たり前に行われます．これを実現するデータの行列のことをコンピュータの世界ではキュー（queue）と呼びます．

後入れ先出しのスタックはいろいろ探してもトランプ遊びぐらいしか世の中に実例がありません．話が脱線に次ぐ脱線をしても，ちょうどその逆順に脱線から戻れる特異な才能を持っている方がいますが，頭の中にスタックがあるのでしょう．しかし，コンピュータプログラムの世界ではスタックはキューに優るとも劣らない役割を果たします．プログラミングが難しいと感じるのはこのへんにも原因があるかもしれませんね．

でも安心してください．トランプの独り遊びカルキュレーションの勝率が上がったら，あなたもスタック使いになったということです．頑張って練習して，腕前を上げてください．

5　アルゴリズム，プログラム，ソフトウェア

物事を効率よく処理する手順を表わす「アルゴリズム」という言葉を聞いたことがあると思います．データを効率良く処理するプログラムという言い方もするので，「アルゴリズム」と「プログラム」はどこが違うの？と疑問に思われた方も多いでしょう．

ついでに，1章で「ソフトウェア」と「プログラム」がなんだかテキトーに使われていたと感じた読者も多いと思いますので，ここでこういった疑問を解消しましょう．

アルゴリズムの語源

アルゴリズム（algorithm）の語源は，9世紀前半のバグダードのイスラム科学者アル＝フワーリズミー（無理矢理アルファベットで書くとal-Khwarizmiです．「フ」といっても「ク」に近い強い発音の「フ」）の名前から来ています．各種の計算法に関する本を書いた人です．

アルゴリズムの綴りはalgorithmですが，algorismも許されるようです．そりゃそうで（？），フワーリズミーの「ズ」はzです．いつから舌を齧むthになったのでしょうか．

これを見ると，英語の発音でsとthの区別がちゃんとできなくても，ま，いいかという気分になりますね．Khがどう濁ってgになったかも謎です．なお，代数学（algebra）も彼の名前が語源だと言われているそうです．

アルゴリズムとプログラムの違い

さて，アルゴリズムとプログラムとの差は，その抽象度合いと

数理科学感（？）にあります．アルゴリズムは比較的数理科学に近い，一見して自明でない難しい問題を解く手順を指します．この手順は人が理解できる記法であれば，どんな言葉で書いてもかまいません．

同じ問題を解くアルゴリズムでも効率の悪いものと効率の良いものがあります．具体的なコンピュータの実行速度で勝負するわけではないので，効率の良し悪しをどう計測するかの物差しをまず決めることが重要です．

掛け算の回数とか，比較の回数とか，あるいは必要になる作業スペースなどがよく物差しとして使われます．これらはコンピュータの実行時間やメモリ使用量と完全には比例しませんが，大体の目安になります．

これに対して，プログラムはアルゴリズムをコンピュータが実行できる形に表現したものです．つまり，アルゴリズムを具体化したものと言えるでしょう．実際のプログラムは難しいアルゴリズムの具体化だけではなく，雑多で平凡な仕事をコンピュータにさせるためにも書かれます．

試験の平均点を求めるプログラムや，ボタンがクリックされたら適当な運勢を出力するプログラムに何か深いアルゴリズムが背景にあるとは思えません．ゲームのプログラムの中にはアルゴリズムの知識がないと効率良く書けない部分が含まれますが（実際，それがゲームのサクサク感やアクション動画のスムーズさに影響したりします），全部が全部そうだというわけではありません．

我々が普通使っているアプリ（アプリケーションの略語）は，そういう意味でアルゴリズムと混同されることはありません．もちろん，一部の科学技術計算プログラムのようにアルゴリズムの知恵や工夫がほぼ全面的に活用されているものもあります．

まとめると，アルゴリズムは難しい数理的な問題を解く，抽象的な手順のことであり，プログラムは一部にアルゴリズムを具体化したものを含む，実際のコンピュータにいろいろな仕事をさせる手順書ということになります．

げに恐るべきはアルゴリズム論

難しい数理的な問題を解くアルゴリズムを探求する学問を「アルゴリズム論」と呼びます．また，効率がどうのというより，まず問題を解く手順がそもそもあるのか？というのもアルゴリズム論の重要な課題です．アルゴリズム論の基礎中の基礎を学んでおくことは，そのような数理的問題が含まれているプログラムを書くときにとても重要です．

アルゴリズム論には，データを数値の大きい順（降順）や辞書式順に並べ替える整列（ソーティング）とか，大量のデータの中から効率よく所望のデータを捜し出す（探索）といった，わりと基本的なものが含まれています．一見難問には見えないかもしれませんが，大量のデータを扱うとなると，ちょっとしたことで大きな差が出てきてしまいます．

大昔の話ですが，ある研究所で大量の新聞記事をすべてデータとして取り込み，記事の検索が簡単に行える実験システムを開発しました．しかし，出来上がったものが実用に耐えないほど遅いことが判明しました．

調べてみると，そのプログラムを書いた人に基本的なアルゴリズムの素養がなかったために，効率の悪い探索アルゴリズムを使っていたのです．これを常識的によく知られた探索アルゴリズムに変更したところ，一挙に200倍速くなったそうです．例えば，検索結果が出てくるまで20秒かかっていたものが，わずか0.1秒で済むようになったわけです．

スマホのアプリではほとんど関係ないかもしれませんが，問題の規模が大きくなると，アルゴリズムを気にしないで書いたプログラムは一挙に遅くなったり，メモリをパンクさせたりすることがあります．げに恐るべきはアルゴリズム論なのです．

洗濯機や自動車など，ありとあらゆるハイテク機器に大量のコンピュータが含まれている今はそうではないと思いますが，私が1970年代に読んだ本には，「あなたが今ここを読んでいる現在，世界中のコンピュータの70%は整列か探索を実行している」と書いてありました．

というわけで，アルゴリズムについては次節でもうちょっとだけ深く突っ込んでみることにします．

プログラムとソフトウェアの違い

さて，プログラムとソフトウェアの差は前にも書いたようにわりと微妙です．人によって定義も異なるようです．同じプログラムなのに，ハードウェアと対比した文脈で言うと，ついソフトウェアと言いがちです．

このようにハードウェアとの対照で使うソフトウェアは別として，現代的な意味でのソフトウェアは，プログラムとは違うちょっと異なる意味づけをしたほうがいいかな，と私は考えています．

もちろん，言葉の意味は移ろいやすいので，似た意味を表わす言葉の使い分けがいつまでも厳密というわけではありません．こういうときは実例収集に限ります．

Aさん「いやぁ，昨日はいいプログラム書けたぜ」
Bさん「うう，会社でやらされているプログラミングはつまんない．もっと面白いプログラム書きたいよぉ」
Cさん「売れるソフトウェアの秘訣は何なのだ！」
Dさん「このソフトウェア，使いにくいなぁ」

などなど……．何となく匂ってきませんか？

無理矢理ですが，「プログラム」は書く人からの視点が多くて，「ソフトウェア」は使う人の立場からの視点が多いと思いませんか？　ちょっと誘導尋問でしたが，私はそう思います．

私の場合そうなのですが，興味のあった問題やパズルを解くためにちょこっと（といけばいいのですが…）プログラムを書いたら，それを文字どおりプログラムと呼びます．デバグ（プログラムの間違いを取り除くこと）のためというか，備忘録として軽くコメントは書きます．そうしないとあとで見返すのが大変になります．

しかし，書いたプログラムをほかの人にも使ってもらいたいと思ったら，使い方のマニュアルも書かないといけません．さらに，ほかの人に改良をしてもらいたいと思ったら，プログラムにしっかりとしたコメントをつけるだけではなく，プログラム全体に関する詳細なドキュメントも書きます．ひょっとして，これが「ソフトウェア」？

そうなのです．パソコンショップにプログラムを買いに行く人はいませんが，ソフトウェア（ソフト）を買いに行く人はいます．私はソフトウェアを，他人に使ってもらうためにマニュアル，さらにはドキュメントを含めて総合的に完成させたプログラムのことだと定義しています．

さらに，箱が立派であれば申し分ありません（笑）．しかし，この箱，ハードウェア以上に場所取りますねぇ．ある人から聞いた意見ですが，お役所にソフトを売るためには，インターネットからのダウンロードではなく，箱を立派にしないといけないのだそうです．購入したソフトウェアは一応資産なので，箱にそれを肩代りしてもらわないといけないのです．

閑話休題．要するに，プログラムを書くより，ソフトウェアを作るほうが気苦労が多くて大変ということです．裏返せば，そういう気苦労のないプログラムを書くのは個人の楽しみとして十分な価値があるということですね．

6　アルゴリズムをもうちょっと深く

前節で，扱う問題の規模が大きくなるとアルゴリズム，あるいはアルゴリズム論に関する素養がないと計算がとても遅くなったり，メモリがパンクしたりすると書きました．

これも前節に述べましたが，アルゴリズム論の基本中の基本は，大量のデータから所望のデータを探し出す探索と，大量のデータをある基準に従って順番に並べ替える整列（ソーティング）です．これらはコンピュータを持ち出さなくても説明ができます．

探索アルゴリズム

例えば3,000ページもあるような分厚い英和辞書でthinkという単語を探したいとしましょう．まさか，最初のページから順番に探すなんてことはしませんよね．大概，最初の文字がtの単語はどのあたりかが分かるように辞書の小口側に示されているので，まずはそのあたりを開くはずです．

しかしそこから先，頭から順番に調べるでしょうか？　普通は山勘で t から始まる単語全体の半分くらいのところを開いてみて，th より後のページだったらちょっと戻ったページ，th より前のページだったらちょっと進んだページを開き直します．これを何回か繰り返せば，think の見出しが出ているページにたどり着きます．

これは二分法探索と呼ばれている探索アルゴリズムと同じ原理です．二分法探索では，大量のデータが，比較可能なある順序で（コンピュータのメモリの中で）整列されて並んでいると仮定します．

データが左から右に昇順（小さいほうから大きいほうへの順）に整列されているとしましょう．まずその真中にあるデータを見ます（ちょうど真中がデータとデータの境目なら，例えば境目の左側を見ます）．これが探しているデータと一致すれば「見つかった」です．

探しているデータより大きければ（後ろのものであれば），もう右半分は調べる必要ありません．探しているデータより小さければ（前のものであれば），もう左半分は調べる必要ありません．

こうして残った半分の探索範囲のさらに真中のデータを見ます．あとは同じことの繰り返しです．どこかで選んだ真中が探しているデータと一致すれば「見つかった」ですし，半分半分にしていって最後にもう探すべき範囲がなくなったら「見つからなかった」です．図 4 に簡単な例を示しました．

整列アルゴリズムは重要

では，百万個の数値がデタラメな順序に並んでいるとしましょ

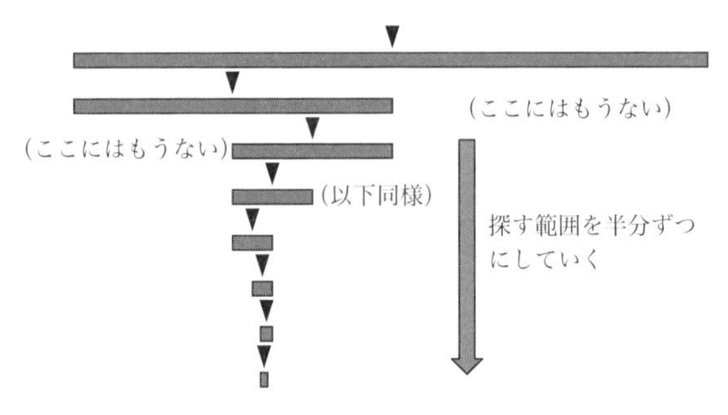

図 4　二分法探索（▼は比較して調べる場所）

う．探している数があるかどうか探すには，頭から順に探していくしかないですね．運がよければ最初に見つかるけれど，運が悪ければ百万個の数値と全部照合（比較）しないといけません．

いろんな数値で探索をすると，平均で 50 万回以上の比較が必要になります．見つからないことが多いとすると，この「以上」はもっと大きな「以上」になります．

しかし，この百万個の数値が小さい順（昇順）に並んでいるとすると，二分法探索が使えます．ちょうど真中あたりの数を選んで比較して，探索の範囲を半分，半分と縮めていけばいいのです．

比較のたびに探索範囲が一挙に半分になるので，何回も探索をしたとき，結果が分かるまでの比較回数の平均はおおよそ 20〜21 回となります．整列していない場合の 50 万回以上とは雲泥の差ですね．いくらコンピュータが速くても 1 万倍以上も速度が違うと遅さがはっきり体感できます*3．

前者のように，頭から順に探していく探索をよく「馬鹿サーチ」と呼びます．前節で出てきた 200 倍速くなったプログラムでは，この馬鹿サーチが使われていたようです．

その部分だけならもっと速くなったのでしょうが，そのほかの部分の速度は同じなので全体では200倍しか性能向上しなかったと思われます．東海道新幹線の静岡と名古屋の間だけ倍の時速600キロにしても東京—新大阪間だと倍の差が出ないのと同じ理屈です．

さて，二分法探索を可能にするためにはデータがある順序できちんと整列されていないといけないことに注意してください．だから，整列（ソーティング）がとても重要になってくるのです．

整列のアルゴリズムはたくさん研究されています．問題の状況に合ったアルゴリズムを選択する必要があります．例えば一旦整列したらもう新たなデータが入ってこないのか，データの追加や削除がどの程度頻繁にあるかなどで，適合する整列アルゴリズムは異なってきます．これは勉強するしかないですね．

現在のウェブにある検索エンジンは非常に高度なアルゴリズムを駆使しています．あれだけ大量のデータの検索がよくぞあんなスピードでできるものだと感心できるだけでも，アルゴリズム論の極意が少し分かったと言えるでしょう．

でも，ごく小量のデータしか扱わないのであれば馬鹿サーチでもそんなに遅くないことに注意してください．高度な探索アルゴリズムはそれなりに複雑なプログラムになるので，シンプルな馬

---

*3　データの量をNで表わすと，最初の方法は平均$N/2$回，二分法は2を底とする対数を使って平均$\log N$回と大まかに表わすことができます．大らかな気分で2倍ぐらいは大した差ではないとすると，これをそれぞれ$O(N)$，$O(\log N)$と大まかに表わします．

Oは「大まか」のOではなく，OrderのOですが，「大まか」のOだと思ってもかまいません．いくら大まかでもNと$\log N$の差は大きすぎるのです．2倍の差は消し飛んでしまいます．Nが百億でも，$\log N$は33ちょっとぐらいにしかなりません．その差は1億倍以上です．本文のNが百万のときに比べてNが1万倍になったのに，$\log N$は11しか増えないことに注目してください．

鹿サーチのほうが，使用頻度，プログラミングの容易さなど，総合的に見て良くなる場合があります．牛刀をもって鶏頭を切るのも避けるべきです．

7　国際コンテストに出たアルゴリズムの問題

この節では2014年の国際情報オリンピックに出た面白い問題を紹介します．国際情報オリンピックは20歳未満で大学教育を受けていない若者に参加資格があります．日本だと高校3年生までということですね．2014年は台湾で決勝大会が行われました．

国際情報オリンピックでは，与えられた課題を解く，コンピュータ上で実際に動くプログラムを制限時間内に作らないといけません．ただ闇雲にプログラムを書いただけでは，プログラムの実行時間が長すぎて失格してしまうので，プログラムを書く前にアルゴリズム的な思考をしないといけません．

通信網の構築問題

オリジナルの問題はちょっと長いので，少し変えた形で紹介します．

ある大きな国に N 個の町があります．これらの町の間に通信線を張り巡らしたいと考えました．すべての町と町の間に個別に通信線を張れば通信網としては完璧ですが，それだと無駄が多すぎます．N 個の町がそれぞれ他の N-1 個の町との間に通信線を引くのですから，N 掛ける N-1 本，つまり $N(N-1)$ 本の通信線が必要となります．

おっと，ここで間違えてはいけません．それぞれの町で同じ線を二重にカウントしているので，実際には $N(N-1)/2$ 本の通信線となります．しかし，インターネットと同じように，通信線をリレーして通信することが可能だとすれば，もっと少ない通信線で全国の町をつなぐことができます．これを通信網の完成と呼びましょう．

それでは，N 個の町があったとき，最低何本の通信線を張れば N 個の町の通信網が完成するでしょうか？

これは簡単ですね．N 個の町に $1, 2, 3, \cdots, N\text{-}1, N$ と番号を振ると，町 1 と町 2 の間，町 2 と町 3 の間，以下同様に町 $N\text{-}1$ と町 N の間に通信線を張れば，町 1 から町 N までが通信線で数珠つなぎになり，どの町同士でも通信が可能になります．何本の通信線が張られたかというと，これも簡単，$N\text{-}1$ 本です（図 5）．

通信網構築問題の本番

さて，これからが本番の問題です．太郎君と花子さんがこの問題をゲームにして遊ぼうとしています．太郎君が質問者で，花子さんが回答者です．太郎君の質問は「町 i と町 j（ここでは簡単

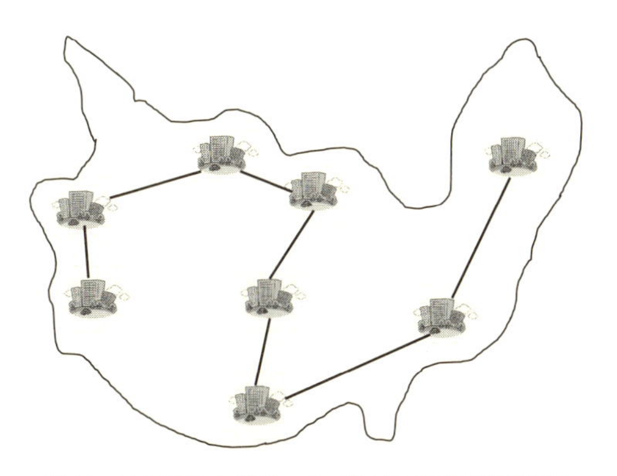

図 5　N 個の町を数珠つなぎにして通信線を張る

のため i は j より必ず小さいとします——そう仮定しても大丈夫なのは明らかです）は通信線でつながっているか？」です．

花子さんはその場で「つながっているわよ」あるいは「つながっていない」と答えます．これはゲームなので，実際の通信線の張られ方と関係なく，花子さんは太郎君に通信網が完成したか，あるいはもう完成する見込みがないか，をなるべく悟られないように答えていきます．

太郎君の質問の種類（つまり i と j の組み合わせ）の数はさきほど出てきた $N(N-1)/2$ になります．実は花子さんは $N(N-1)/2$ 回目，つまり可能な最後の質問まで，通信網が完成したか，あるいは完成しないかを悟られずにうまく答え続けることができます．もちろん，太郎君がどんな順番で質問してくるか，花子さんは知りません．

どういうふうに考えて答えるといいでしょうか？というのが問題です．

たしかにややこしそうな問題ですね．町の数を 4 個とか 5 個とかにして実際考えてみるといいでしょう．

コンピュータ科学と数学の間に「離散数学」という学問分野があります．この問題はそこで「グラフ理論」と呼ばれるものに関係しています．ここでいう「グラフ」は棒グラフや円グラフのことではなく，たくさんの点がお互いに線（辺と呼びます）でつながっている，あるいはつながっていない抽象的な「構造」を取扱います（図 6）．

今の問題だと町が点で，通信線が辺に相当します．通信網の完成は「すべての点が辺を経由してつながっている」，つまり「グラフが連結している」ということに相当します．グラフ理論は鉄道網，道路網，電力網，集団の中の交遊関係，意味の構造表現な

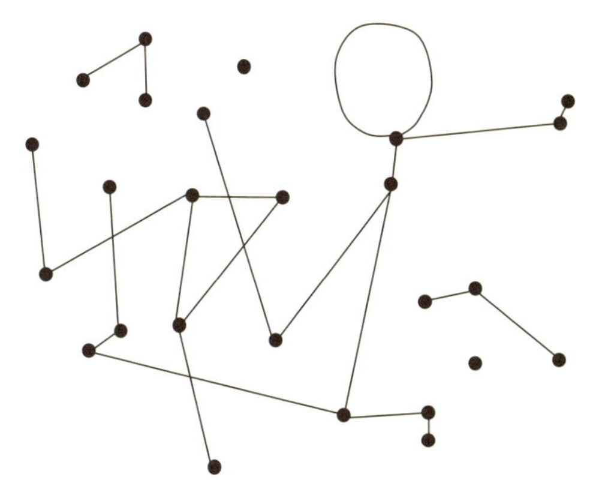

図 6　グラフ構造の例

どなど，非常に広い応用があります．

N個の町の通信網を完成させる，あるいはグラフ理論の言葉でいうと，N個の町を連結する簡単な方法は前に述べたようにN-1本の通信線（辺）で町を直線的につなぐことです．これ以外の方法でもN-1本の辺でN個の町を連結させることができます．簡単な例を図7に示しました．枝分かれがありますが，どれもN-1本で足ります[*4]．

元の問題に戻ると，花子さんは最後の質問の直前まで，うまく選んだN-2回だけ「つながっているわよ」と答え，そのほかはすべて「つながっていない」と答え，最後の質問まで肝腎のもう1本がつながっているかいないかを明かさないようにすればいいのです．焦点は「うまく選んだN-2回」のうまい選び方です．

---

*4　グラフ理論には「木構造」という重要な概念があります．木の形に似ているので木構造と呼びます．生物の系統樹や会社の組織図などがその典型例です．N個の点からなる木構造にはちょうどN-1本の辺があることが分かっています．

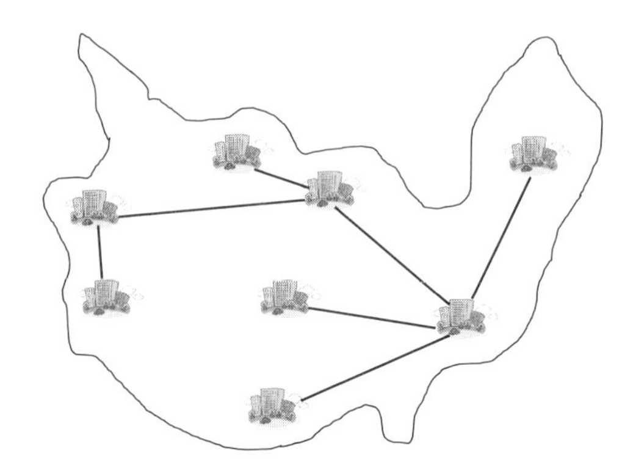

図 7　数珠つなぎではない通信網

巧みな解法

国際情報オリンピックの各国代表になるような高校生（中には中学生もいます）なら，ここまでを完全に理解して問題に取り組みます．ここから先で差がつくのです．

グラフが連結しているか，していないかの判定アルゴリズムは結構手間がかかります．うまくやっても N 個の町（点）に対して，大まかにいって N の二乗回に比例する手間がかかります[*5]．太郎君も花子さんもそんな手間をかけていては遊びとして面白くありません．

太郎君の戦術はさておいて，花子さんの戦術がオリジナルの問題でした．実は花子さん，手元に N 個の町に対応する N 個のマス目のある表を持っていれば，太郎君の質問にいつもほとんど瞬時に答えることができるのです！

＊5　前節の脚註の記法を使うと $O(N^2)$ の時間がかかるということです．

パズル好きの方だったら，このあたりで本を閉じて少し考えてみることをお薦めします．プログラムを書く必要はありません．アルゴリズムの方針さえ考えればいいのです．

図8にNが10のときの花子さんの表を示しておきました．10個のマス目の外には町の番号に対応した1から10までの数が書かれています．最初，マスの中にはそれぞれ順に9，8，7，…，1，0が書き込まれています．

花子さんが行うことは超簡単です．太郎君が「町iと町jがつながっているか？」と聞いてきたら，町j（$j>i$）に対応するマス目の中身を見ます．そこに0が書かれていたら「つながっているわよ」と答えます．1以上の数が書かれていたら「つながっていない」と答え，その数を1減らした数に書き換えるのです．

なお最後の質問，つまり$N(N-1)/2$回目の質問に対してはどちらの答えでもかまいません．それで通信網が完成するか，しないかが決まります．花子さんの表はjに対する残り質問回数を表現しているのです．

花子さんが回答に要する時間は，太郎君のどの質問に対しても．Nの大小にかかわらず，ほぼ一定時間です．その都度Nの二乗回の手間[*6]というのとは雲泥の差です．

台湾の決勝大会でこの問題にこのアルゴリズムに従ったプログラムを書いた参加者はいなかったとのことです．日頃，難しいグラフ理論の勉強をしていると，こういう盲点をついたような呆気ない方法には気がつきにくいのかもしれませんね．

プログラムを書いていてこういう簡単で効率良いアルゴリズムに思い至ったときは，本当に嬉しくなります．プログラミングの

---

*6 実際はちょっとの工夫でNに比例した時間になります．

1	2	3	4	5	6	7	8	9	10
9	8	7	6	5	4	3	2	1	0

残り質問回数の配列（最初の状態）

図 8　花子さんがメモとして使う表

醍醐味と言っていいでしょう．

8　物語とプログラム

しばらくアルゴリズムの話をしてきましたが，ここでプログラミングの話に戻りましょう．といっても，プログラミングの可能性を広げる少し風変わりな話です．

オペラプロジェクト

1990 年ごろですが，ひょんなきっかけから，かの有名な編集工学研究所の松岡正剛さんとお付き合いすることになりました．当時，松岡さんは「オペラプロジェクト」なるものを企画されていて，私は IT アドバイザといった役割で関わらせてもらったのです．

オペラプロジェクトは，例えば『西遊記』といった物語の，膨大だけれども巧みに構造化されたハイパーメディア表現*7 を目指していました．ユーザの選択によって，表現の粒度を適応的に変更することを企画したのです．これができると，1 つの『西遊記』データベースから，必要に応じて 5 分，10 分，30 分，3 時

＊7　頭から順に読まないといけない文章ではなく，ウェブページのように途中にいろいろなリンクがあり，自由自在に関連した情報や場所へ飛べるように構造化した情報表現のことを指します．

間で読める『西遊記』を自動的に生成することができるというのです．

さらに，読んでいるとき，ふと寄り道して，シルクロードのどこそかの当時の風物を知りたくなったら，それも可能にする強力なハイパーメディアを実現しようというわけです．これが相当な難題であることは容易に想像できると思います．

物語学

このときに教えてもらったのは「物語学」なる学問が存在することでした．いろいろな人の話を聞くにつけ，表1のような荒唐無稽のアナロジーが浮かんできました．

何だか分かったような，分からないようなアナロジーですね．そもそも書かれた物語はプログラムでいう逐次処理しかなくて，頭から順番に条件分岐も繰り返しもなしに読み進められます．だからプログラムとは本質的に異なる構造を持っています．

ところが，家庭用ゲーム機が普及して，いろんなタイプのゲームが出てきた結果，物語に近いジャンルのものが出現してきました．私がはまっていたころの例でしか示せないので恐縮ですが，『弟切草』のようなアドベンチャゲーム，『ドラゴンクエスト』のようなロールプレイングゲーム（RPG），RPGの要素を加味した『ファイアーエンブレム』のようなシミュレーションゲームなど，

表1　荒唐無稽のアナロジー

コード	解釈者	産　物
物語	人	共感・感動
プログラム	コンピュータ	計算結果
遺伝子	発生機構	生命個体

どれもゲームを遊んでいると，いつのまにか壮大な物語を読んでいるような気分になれました．

中でも最も直接的に「物語」と言えるのはアドベンチャゲームでしょう．作者によって仕組まれた物語を自分でたどっていかないと終わらないからです．

RPG だと，経験値の概念があり，それさえ上げると時間はかかりますがラスボスが倒せるので，直接的に真直ぐ物語を読んでいるという雰囲気は薄くなります．

シミュレーションゲームは一般に作者の物語コントロールがさらに希薄というか間接的になります．この言い方を使うと，アドベンチャゲームは作者のコントロールが直接的です．みんなあらかじめ仕組んであるわけですから．

私がこんなことを考えていたころ，チュンソフトから発売されたサウンド・ノベルという新しいタイプのアドベンチャゲーム『弟切草』の作者である長坂秀佳さんが，パッケージに入っていた解説書にこんなことを書いていました．一部を引用します．

> 私たち「ドラマ屋」にとって，ゲームソフトは長年のあこがれの地であり，新アメリカ大陸であった．「ああ，あそこで“ドラマ”がやれたらな．」誰よりも先んじて一番乗りを果たしたかった．
>
> コロンブスとなり，第一番の開拓者となって，これまでの「ゲーム」主体から，「ドラマ」主体へとソフトの流れを変えられたら．ゲームソフトで「ドラマ」を語れたら！　……これは私のわくわくするような夢だった．それさえできたら，歴史は塗り変えられる．ゲームソフトは，現在のテレビ・映画・文学以上の興奮と感動を与えるとてつもないメデ

ィアに発展する！ …… これは私の燃える信念だった．同志がいた．あの『ドラクエ』を生んだ最高の頭脳集団だった．私たちは手を結んだ．夢は実現した．

ものすごく熱い語り口ですね．物語を作ることが，プログラムを書くこと，つまりプログラミングと共通していることが明確に意識されています．サウンド・ノベルは，基本は逐次進行ですが，ユーザの選択により枝分かれが起こったり，同じことを3回繰り返すと新しい局面になったり，といったコンピュータのプログラムと同じように物語が設計されていくのです．

物語プログラミング

私は1990年代，これに大いに触発されて，プログラミングをするように物語が作れないか，つまり「物語プログラミング」という新しい知的な領域が開拓できないものかと，かなり頑張って考えました．

当時，人工知能を用いて物語を自動生成するという研究がほんのわずかありましたが，人間がちゃんとプログラムを書くように物語を書けば，直接的コントロールから間接的コントロールまでのいろいろな段階で，お客さんは新しいタイプの物語をPCやゲーム機上で楽しめるようになるはずだ，と．

今や，アドベンチャゲームの開発者は実際には似たことをやっているのだと思いますが，オブジェクト指向，エージェント指向プログラミング，並行プログラミングなどの当時の先端的なプログラミング技術を使って恰好良く物語を作れるのではないかと考えたのでした．

この節では，「物語プログラミング」という私の夢想を紹介しました．技術課題があまりに多すぎて当時は課題を列挙しただけで終わってしまいました．わざわざこんなことにスペースを取ったのは，「プログラム」や「プログラミング」の概念がいくらでも翼を広げられるということを強調したかったからです．

9　文章とプログラム，作文とプログラミング

またまた変なタイトルの節ですが，お許しください．この章は，プログラムそのものを見せずにプログラムとプログラミングがどんなイメージのものかをお伝えしたいと思って書いてきました．次の3章ではもう少しプログラムらしいものに触れます．

文系の人にもプログラミングの才能がある

3章に進む前に強調しておきたいことがあります．文章もプログラムも「書いたもの」です．作文もプログラミングも「書くこと」です．この点で両者の間にはいろいろな対応がつきます．

頭からスラスラ読める文章，見た瞬間に全体の構成が分かる文章は確かにあります．文章を書くときは，すべからくこのような文章にするよう心がけなさいと言われたことがあると思います．実はプログラムについてもまったく同じことが言えます．

100％そうと言えないまでも，いつも要領を得ない文章を書く人は，プログラムを書いてもすっきりしない構造になりがちです．つまり，プログラムを書くには，ある程度の文章力があったほうがいいのです．

プログラムを書くのに，数理的な思考力が必要な，つまりアルゴリズム論の理解が必要なところもありますが，実際そんな部分は多くありません．そんな部分は理系に任せて，全体として，論

理がすっきりとした書き方をするほうが，少なくとも他人も関係する「ソフトウェア」ではあとあと嬉しくなります．

私のこれまでの経験からして，文系でも論理的な道筋の通った考え方ができる人，きちんとした文章の書ける人は，プログラムを書いてもきちんと書けます．

残念ながら，日本の国語教育は筋道の通った文章を書く訓練をちゃんと行っていません．子供たちはいい文章に触れて，それをまねて消化して，自分で自分の文章力を磨いていくしかないように見えます．

こういった文章能力は，私の見るところ中学校に入ってから身につくようです．ですので，このころにプログラミングに目覚めた人は非常に伸びるようです．実際，そんな人たちを何人も見てきました．

10年ほど前は中学2年生での目覚めがお薦めかな？と思っていたのですが，PCがどこの家庭にも当たり前になってきたこのごろは中学1年生，いや，場合によっては小学6年生かな？とも思うようになりました．これくらいの若い子で素晴らしい才能を持った子の話を聞くと，日本語が本当にしっかりしていると，まず感じます．

これは理系だからプログラミングに向いていると，単純に考えている若い人への警句にもなっています．例外がないとは申しませんが，文章が下手な人の書いたプログラムというかソフトウェアは「売り物」にならないことが多いです．

逆に理系で，きちんとした文章の書ける人がプログラミングをちゃんとマスターすると鬼に金棒です．これは別にプログラミングに限ったことではありません．

プログラミングの流儀

一方，作文とプログラミングのアナロジーはちょっと違った様子です．部屋中原稿用紙の紙屑だらけにしても，原稿に何度も手を入れてあっても，出来上がった原稿は一点の曇りもなしの作家がいるような気がします．同様に途中経過はハチャメチャでもキレイなプログラムを書く人がたまにいます．

多くの人はまず全体の構成を考え，目次を作り，といった具合に，文章やプログラムを大局的な構造から段階的に詳細化していく流儀でしょう．そうかと思うと，文章でもプログラムでも，頭から書き始めて，そのまま最後まですんなり行く人もいます．

どっちがいいというわけではありません．私はどちらかというとどちらも頭から書き始めるほうです．本書もその流儀で書いているので，よく脱線します．もちろん，プログラムの場合は，できあがってから並べ換えや整形をします*8．私の文章書きが「頭から」というのは，手書きで原稿を書く時代が長かったせいで，そこでそういう訓練をしたからでしょう．

だいぶ昔のことですが，私がいた研究所の仲間たちにアンケートを取ったことがあります．いわく「自分で文章を書くときのやり方と，自分でプログラムを書くときのやり方が似ていると思いますか？」これに対して，似ていないと答えた人のほうが少し多かったのは意外でした．

要するに，結果オーライ，人それぞれということでしょうか．しかし，複数の人が共同で大きなソフトウェアを開発する場合はそうはいきません．やり方を揃えないとすぐ破綻してしまいま

＊8　業界用語ではリファクタリングと言います．

す．個人で行うプログラミングと，組織で行うソフトウェア開発では，方法論がまったく異なります．

一口にプログラムを書くといっても非常に多様な状況があります．でも，工業生産的なソフトウェア開発の手法について研究なさっている方たちの多くが，ご自身ではあまりプログラムを書いた経験のない方だという事実に私はちょっと疑問を感じていますが……．と，余計なことを書いてしまいました．

新聞社では毎日たくさんの記者によってたくさんの文章が書かれていますが，全体として統一が取れているように見えるのは組織としての文章作りがちゃんと行われているからです．

人によっては，プログラミングのやり方に「道」や「美学」を感じさせる人もいます．本書の後半の章ではこのあたりに触れることにしましょう．

コラム：ネーミングはセンスの見せどころ その1

大きなプログラムを書こうとすると，その中に出てくる膨大な数の変数，関数，手続き，クラスなどに名前をつける必要が出てきます．

それ以前にもっと身近な例だと，毎日のように撮影しているデジカメ写真をフォルダに整理するときのフォルダの名前付けをどうするか，具体的には日付をどう表わすかも名前付けの作業です．

2017年11月2日を2017112と書くと，1月12日と間違われるので，20171102と月も日も必ず2桁にするのが一般的な流儀です．2017-11-2とハイフンなどを入れる人もいますが，これだと日付順に並ばないという問題があります．

日付が長いのはいやだと言って，171102のように，最初の20を略す人もいますが，そのうち2100年問題が出てきそうです．つまり，2100年を超えると99から00と，大小関係が逆転してしまいます．

そもそも10月から12月だけ2桁になるのが問題なのだから，月だけは13進数にして，10月はA，11月はB，12月はCとするといいという人もいるかもしれません．ついでに，日も42進数（31日がV）にすればいいのかもしれませんが，対応を覚えるのが手間ですね．

第3章
プログラミング言語

２章でも説明しましたが，プログラムを書くための言語がプログラミング言語です．書くだけではなく，人が読んで意味を理解できることも重要です．すぐに意味が読み取れない呪文のようなプログラミング言語は，よほどの物好きでないかぎり敬遠するでしょう[*1]．

この章では，本屋さんに行くとたくさん並んでいるような，よく使われる個別のプログラミング言語の入門はしません．その代わり，プログラミング言語とは何か？について，みなさんのイメージがうまく形成されるような解説を試みます．すでに具体的なプログラミング言語を知っている方にも新しい発見があるように試みました．

1　機械語とアセンブラ言語

1章でコンピュータの仕組みを紹介しました．コンピュータの演算回路に仕事をさせる命令（それ自体が2進法で表現されている）を，メモリの中に順序良く並べて書き込んだ命令列が，コンピュータに理解できる「言語」です．これを「機械語」と呼びます．ジャンプ命令がなければ，命令が格納されている順番に実行されていきます．

ジャンプ命令があるとその行った先（飛び先）からまた順番に実行します．ジャンプには無条件のものと，値が0になったら飛

＊1　プログラミングと同様，プログラミング言語も数奇者の遊びの対象になります．例えば，スペース，タブ，改行など目に見えない文字だけで書く言語とか，**M**, **W**, _（下線）だけで書く，プログラムの見かけが草むらのような言語も作られています．２種類以上の文字があると，２進数を中に含むことができるので，コンピュータに理解させるには，まぁ十分ということですね．

ぶ，値が負になったら飛ぶといった条件付きのものがたくさんあります．後者は条件分岐に対応しています．

ジャンプの結果，以前実行した命令のあるところに戻ったら，繰り返しになるのはもうお分かりですね．

こうして，どこかで「実行終了」を意味する命令に達したら，文字どおり，プログラムの実行が終わります．そのとき，メモリのどこかに正しい結果が残っているか，ディスプレイなどに出力されているかすれば万歳です．

2進数でもプログラムが読める？

人が2進数で命令列を書くことはありません．しかし，2進数だからといって恐がることはありません．実際，私が1970年代に愛用していた命令が16ビットで表現されていたコンピュータ（PDP-11）はそのうちの4ビットが演算回路に対する指令に対応していました（表1）[*2]．表1でメモリと書いてあるのは，レジスタ（高速メモリ）も含みます．

要するに，命令のビットの特定の部分を見れば簡単に命令の種類が分かります．命令語のほかの部分もほぼ同様です．つまり，2進法をそのままで書いたり，読んだりするのではなく，表1で大文字で書いた部分，**MOV**，**CMP**，**BIT**，**BIC**，**BIS**，**ADD**，**SUB**と書けば直接的に対応する2進数のパタンに変換できるわけです．これらの命令を表わす4ビットのあとに6ビットのS（ソースアドレス），さらに6ビットのD（格納先アドレス）が続いて，全部で16ビットの命令語になります．SやDが番地情報を含む場合は，1命令が2語あるいは3語になることがあります．

＊2　少し簡単化して説明しています．

表1　機械語命令の一部

0000		以下とは違う形式の命令．これに続くビットが命令を表わす．
0001	**MOVe**	メモリSからメモリDにデータをコピーする．
0010	**CoMPare**	メモリSとメモリDの大小（あるいは等号）関係を調べる．
0011	**BIt Test**	メモリSの内容とメモリDの内容を2進法で重ねたときに同じところに1があるかどうかを調べる，メモリSの内容の1があるところが，メモリDの内容でも1だったらその1を生き残らせ，あとは0にしてしまう．結果はどこにも保存しないので，次の条件付ジャンプのためのお膳立てをするだけ．（ビットごとのAND）
0100	**BIt Clear**	メモリSの内容の1があるところに，メモリDの内容の1があったらその1を0にし，あとはそのまま．その結果をメモリDに入れる．（ビットごとのクリア）
0101	**BIt Set**	メモリSの内容の1があるところ，あるいはメモリDの内容の1があるところを1として，あとは0のままにする．その結果をメモリDに入れる．（ビットごとのOR）
0110	**ADD**	メモリSの内容とメモリDの内容を足し算した結果をメモリDに入れる
1110	**SUBtract**	メモリDの内容からメモリSの内容を引き算した結果をメモリDに入れる（SとDの順番に注意）．

アセンブラ

命令は楽ですが，面倒なのはデータAとかデータBが格納されているメモリの番地の書き方です（多くないレジスタは簡単に番号で指定できます）．それぞれ4000番地と5000番地とすると，頭の中にその対応表を持っていないといけません．せっかくデータAとかデータBというふうに呼んでいるのですから，そのままの「名前」，つまりAとかBというふうに書きたいですね．

命令列もメモリに格納されていることを忘れてはいけません．ジャンプする行き先，つまり飛び先も番地です．いちいち数えて，何番地か調べるのはデータのときよりさらに面倒です．命令を追加したり削除したりすると，番地も変わってしまうからです．

でも，飛び先に名前をつければ，対応表によってその名前から自動的に番地が分かるはずです．コンピュータにとっては大した仕事ではありません．

ついでながら，2進数はやはり人間にとっては分かりにくいので，10進法で書いた数を自動的に2進数にしてもらいましょう．ここでは頭に **#** をつけたら10進数とします．

1章の6節で述べたコラッツの問題のプログラムを上のような方針で書き直してみましょう．これを図1に示します．最初に与える数値データを **N** と名前づけしています．プログラムの実行は **START** からとしましょう．2進数の1番下のビットが1だったら奇数だということに注意してください．なお，1章でも述べたようにもっと効率のいい短いプログラムにすることも可能です．

このようになんとなく連想のつく言葉を使って書くと1章の6節の「機械語」相当のプログラムよりだいぶ書きやすく，かつ読みやすくなりますね．このように機械語に直接的に対応した言語を「アセンブラ言語」と呼びます．一番左のコロンのついた言葉は英単語そのものです．これがその命令が格納されている番地を表わすわけです．

```
N:      INT #15       ;Nの初期値をここでは15とし
                      ;ました. INT は整数データの指定
START:  MOV N,reg0    ;レジスタ0にNの値を書く
LOOP:   CMP reg0,#1   ;レジスタ0と数1を比較する
        BEQ END       ;Branch if EQual, 等しかっ
                      ;たらENDへジャンプ
        BIT reg0,#1   ;レジスタ0の一番下のビット
                      ;が1かどうか調べる
        BNE ODD       ;Branch if Not EQual, 奇数
                      ;ならODDへジャンプ
EVEN:   DIV #2,reg0   ;レジスタ0を2で割ったもの
                      ;をレジスタ0に入れる
        JMP LOOP      ;LOOPに戻る
ODD:    MUL #3,reg0   ;レジスタ0を3倍したもの
                      ;をレジスタ0に入れる
        ADD #1,reg0   ;レジスタ0に1足したもの
                      ;をレジスタ0に入れる
        JMP EVEN      ;3n+1は偶数なので, 無条件に
                      ;EVENにジャンプ
END:    HALT          ;ここで計算終了
```

図1　アセンブラ言語で書いたプログラム例1

こうすると，1に達するまで何回かかったかのカウンタを入れるのも楽です．これを図2に示しました．

名前を付けることの重要さ

人がこれを機械語で書いていたら大変です．▲のところにデータや命令が挿入されたので番地がみんなずれてしまいます．書き直す量が半端ではありません．こういう本質的でないところはコンピュータに任せるべきです．これを行ってくれるコンピュータのプログラムを「アセンブラ」と呼びます．

アセンブラに図1や図2のようなプログラムを与えると自動的

```
N:       INT #15         ; N の初期値をここでは 15 とし
                         ; ました
COUNT:   INT #0          ; カウンタの初期値は 0 です▲
START:   MOV N,reg0      ; レジスタ 0 に N の値を書く
LOOP:    CMP reg0,#1     ; レジスタ 0 と数 1 を比較する
         BEQ END         ; Branch if EQual, 等しかっ
                         ; たら END へジャンプ
         BIT reg0,#1     ; レジスタ 0 の一番下のビット
                         ; が 1 かどうか調べる
         BNE ODD         ; Branch if Not EQual, 奇数
                         ; なら ODD へジャンプ
EVEN:    ADD #1,COUNT    ; カウンタを 1 増やす▲
         DIV #2,reg0     ; レジスタ 0 を 2 で割ったもの
                         ; をレジスタ 0 に入れる
         JMP LOOP        ; LOOP に戻る
ODD:     ADD #1,COUNT    ; カウンタを 1 増やす▲
         MUL #3,reg0     ; レジシタ 0 を 3 倍したもの
                         ; をレジスタ 0 に入れる
         ADD #1,reg0     ; レジスタ 0 に 1 足したもの
                         ; をレジスタ 0 に入れる
         JMP EVEN        ; 3n+1 は偶数なので, 無条件
                         ; に EVEN にジャンプ
END:     HALT            ; ここで計算終了
```

図 2　アセンブラ言語で書いたプログラム例 2

に 2 進法の命令列に変換してくれます．プログラムを書く人，つまりプログラマは具体的な番地の値をまったく意識する必要がなくなります．これは助かります．

名前をつけることができる，これは「プログラミング言語」に限らず「言語」たるものの最も重要な機能です．データを表わすメモリ番地に名前をつけたらそれを「変数」と呼びます．命令の入っているメモリ番地に名前をつけたらそれを「ラベル」と呼びます．

2　言葉を定義する

前節の最後で述べたように，名前をつける機能は言語にとってとても重要です．餃子を初めて食べた人が「おお，これは肉と多種類の野菜を細かく刻んで，小麦粉で作った皮に包んで蒸焼きにしたものですね」と気づいたとしましょう．「餃子」という名前を知らなければ，この人はいつまでも餃子を「肉と多種類の野菜を細かく刻んで，小麦粉で作った皮に包んで蒸焼きにしたもの」と呼ばなければなりません．

もし誰も「餃子」という名前を教えなければ，さすがにこの人は我慢しきれず「ジュワパリ」とかいう名前をつけるでしょう．

語彙の豊かさはどこから？

日本語で「5 以上」は，英語では「greater than or equal to 5」となります．この点に関しては日本語のほうがちゃんと「以上」という名前をつけていることになります．しかし，英語の「squint」という単語は日本語では例えば「目を細めて見る」と単語 3 つになってしまいます．一般に身体動作に関しては英語のほうが語彙が豊かです．

ちょっと話がそれましたが，扱う対象は簡潔に記述できるようにしたいものです．だから，対象を必要もないのにあまりにも細かく区分けして名前をつけるのは考え物です．

エスキモーの人たちが，雪の呼び名を 26 種類も持っているのは生活に必須だからでしょう．日本人が雨の呼び名をたくさんもっているのも同様です．イヌ大好きの人なら，イヌをイヌの品種（チワワ，ダックスフンドなど）で呼ぶでしょう．

抽象化のありがたさ

しかし，「雪」も「雨」も「イヌ」もそれだけの言葉で大体通用します．細かい差違はあっても同類のものをまとめて名前をつけることを「抽象化」と言います．複雑なものに簡単な名前をつけることも抽象化です．人間はこの抽象化のおかげで脳の記憶が溢れてしまうこと（オーバーフロー）を防いでいます．

前節のコラッツ問題のアセンブラ言語のプログラムでは，変数やラベルによる番地への名前づけが抽象化になっています．何が抽象化かというと，具体的にどの番地にそれが格納されているかという情報を捨て去っている，つまり捨象しているからです．

このプログラムは，**START** の番地が 10000 番地だろうと，10200 番地だろうと関係なく動作します．アセンブラが実際の **START** の番地に応じて適宜名前と番地の対応をつけ替えてくれます*3．

コンピュータの動作自体にも名前をつけることができです．例えば **DATA** という変数の番地から 1 個以上の非負の数値を並べて格納した表があるとしましょう．表の終わりには負の数，例えばマイナス 1 が書いてあるとします．それらの数の平均は図 3 のようなプログラムで求めることができます．答えはレジスタ 0 に入ります．

AVG は **AVeraGe** のつもりです．レジスタを 4 個使えるとしましょう．C を勉強したことのある人だと，おお，レジスタ 0 はあ

---

*3　2 進法になったままでプログラムを任意の番地に置くことができるコンピュータもあります．置かれた番地に依存しない機械語を持っているコンピュータです．仕掛けは番地の参照を，命令がある番地と参照している番地の差で表わすことです．こうすればプログラム全体が移動しても正しい意味のままになります．まさに相対性理論ですね．

```
AVG:    MOV #DATA,reg0     ;レジスタ0にDATAの番地自
                           ;体を入れる!
        MOV #0,reg1        ;レジスタ1は表の大きさを
                           ;勘定するカウンタ
        MOV #0,reg2        ;レジスタ2は表の数値の総
                           ;和を表わす
LOOP:   MOV @reg0,reg3     ;レジスタ0が指している番
                           ;地のデータをレジスタ3に
                           ;入れる!
                           ;@reg0はreg0番地にあるデー
                           ;タの意味'(間接参照)
        BMI END            ;Branch if MInus,
                           ;マイナスならデータ終わり
        ADD #1,reg1        ;データの個数勘定を1増やす
        ADD reg3,reg2      ;データの総和を増やす
        ADD #1,reg0        ;表を指す番地を増やす
                           ;通常のコンピュータだったら
                           ;4バイトが数値データの単位
                           ;なので,1ではなく4増やす
        JMP LOOP           ;これを繰り返す
END:    DIV reg1,reg2      ;総和を個数で割った値をレジ
                           ;スタ2に入れる
        MOV reg2,reg0      ;平均はレジスタ0に入れる
        HALT
DATA:   INT #342           ;数値が並んでいる表,
                           ;DATAは表の最初を表わす
        INT #29
        ...
        INT #53
        INT #-1            ;これが表の終わりの印
```

図 3　表の平均を求めるアセンブラ言語のプログラム

の苦手のポインタだ，とおっしゃるかもしれませんが，それほど難しくないので我慢してください．

サブルーチンという抽象化

表に並んでいる数値の平均を求めることはよくあることです．そのたびにこのプログラムを書くのはいやですね．コピーしてもいいのですが，コピーが本当に寸分違わぬコピーかどうかは一目では分かりません．修正するときも困ります．

ここで「表の平均を計算する」という動作を**AVG**と名付けて，いろいろな表（ただし，負の数で終わっているという約束はしておく）の平均を求めるのを簡単に書けるようにすることを考えましょう．

機械語にはサブルーチンという仕組みがあります．ある番地にジャンプするときに，サブルーチンジャンプまたはコール（**CALL**）という命令を使うと，そこから命令列を実行し，リターンという命令（**RTN**）が実行されたら，サブルーチンをコールした命令の直後の命令に戻ってくれるのです．例えば，**AVG**を呼ぶ命令を含む命令列が

命令1
命令2
AVGのコール命令
命令3

となっていると，命令1，命令2と進み，次に**AVG**の中の命令列をリターン命令まで実行し，次に命令3という順に実行します．ここだけ見るとたった1つのサブルーチンコール命令なのに，**AVG**の中身のように複雑な計算ができたことになります．

AVGのコール命令はプログラムのどこにでも書けますから，平均を取る計算がたくさん含まれているプログラムが短く書ける

ようになります．

図3のプログラムをサブルーチンにするのは簡単です．表の番地はコールのたびに違いますから，**AVG** の最初の命令を取り除き，コールする側でレジスタ0の設定をしてもらいます．それから最後の **HALT** をリターン命令に変更します．

なお，レジスタ1〜3が作業用に使われています．コールする側でこれらのレジスタを自分の作業用に使っていたら困りますね．大きなサブルーチンでは作業用に使うレジスタの値を入口で保存しておき，リターンの直前に元の値に戻すのが普通です．

こうして，レジスタ0に表の先頭番地を入れて **AVG** をコールしたら，そのコール命令の次の命令ではレジスタ0に平均が入っています．つまり，見掛け上たった1命令で表の番地がその表の平均に化けてしまうというわけです．

今日のコンピュータは，サブルーチンの中で別のサブルーチンを呼び，そのサブルーチンの中でさらに別のサブルーチンを呼ぶといったことを繰り返しても，リターンは2章で学んだ後入れ先出しのスタックを使って，正しい順序で戻っていくことができます．こんなところでもスタックが役立っています．

細かいことは分かりにくかったかもしれませんが，サブルーチンという抽象化があり，それによって複雑な動作を見掛け上たった1命令で実行できているようにすることができることが分かっていただけたでしょうか．こういう抽象化があるからこそ，大きなプログラムやソフトウェアが書けるということを覚えておいてください．

ここでは動作の抽象化を説明しましたが，6節の「オブジェクト指向」では，別の方向の抽象化の話をします．よい抽象化はプログラミングだけでなく，よい文書を書くためにも重要です．その昔，野崎昭弘先生が「抽象的で分かりやすいことが大切だ」とおっしゃっていたことを思い出します．

3　リッチーのホワイル言語

前節まで，わりと長々とコンピュータの地べた，つまり機械語からあまり離れずにプログラミング言語の説明をしてきました．コンピュータに対する土地勘をぜひ養ってほしいと考えたからです．しかし，この節からはもう機械語は出てきません．安心してください．

現在，コンピュータの OS（PC を人や他の機械と連携させて動かすための最も基本なソフトウェア）と言えば，Windows, Mac の OS X，アンドロイド，iOS，トロンなどですが，実は UNIX（ユニックス）もコンピュータシステムの基幹部分ではよく使われています．UNIX は一般の人受けする派手なところはないのですが，ネットワーク，つまり他の PC との連携が非常に得意です．

その UNIX を 1970 年ごろに設計したのが，ケン・トンプソンとデニス・リッチーです．そのあとも 2 人はいろいろ方面で活躍しましたが，ここで紹介するのはリッチーのホワイル（while）言語というプログラミング言語です．

前節のアセンブラ言語にしろ，世の中で使われているどの言語にしろ，分厚い本を 1 冊読まないとマスターすることが不可能ですが，ホワイル言語はこの本の 1 ページで十分に紹介できる簡単な言語です．

多くのプログラミング言語では，動作の実行単位を「式」とか「文」とか呼びます．ホワイル言語には式がなく，文が 5 種類しかありません．変数はいくらでも使えますが，プログラムの中に書ける数値は0しかありません！　変数は0以上の整数だけを表わすことができます．つまり負の数は扱えません．

読者のみなさんは，これまた妙な言語を引っ張りだしてきたなと思うでしょう．私もそう思います．でも，こんな言語でも1章の5節で説明したチューリング完全なのです[*4]．つまり，現在のコンピュータに計算できることは原理的にすべて計算できる言語なのです．もちろん，速度性能は無茶苦茶悪いですが…….

ホワイル言語の5種類の文

図4にホワイル言語の文法を示しました．

v は変数を表わし，S は文を表わすとします．← は「代入記号」

$v \leftarrow 0$
　　# 変数 v の値を0にする（クリア文）
$v_1 \leftarrow v_2$
　　# 変数 v_2 の値を変数 v_1 にコピーする（コピー文）
$v{+}{+}$
　　# 変数 v の値を1増やす
loop v **do** S_1；…；S_n **end**
　　# 変数 v の値の回数だけ，文 S_1，…，S_n を繰り返して実行する
　　# 途中で v の値が変わるかもしれないが，最初の v の値
　　# の回数だけ繰り返す
while $v>0$ **do** S_1；…；S_n **end**
　　# 変数 v の値が0より大きい間，文 S_1，…，S_n を繰り返して
　　# 実行する

図 4　リッチーのホワイル言語の5種類の文

*4　1章の5節ではマシンがチューリングマシンを真似できることをチューリング完全と呼びましたが，通常使われている高い能力を持った言語，例えばC言語を真似できる言語もチューリング完全と呼びます．チューリング完全は伝染します．

です．代入とは ← の左に書かれた変数の値を←の右に書かれた値に変更するという意味です．上の行の文の意味は # の右に書きました．文と文の間はセミコロン（;）で区切ります．

アセンブラ言語より普通の言語に近いですが，基本の文は，0へのクリア，変数の値のコピー，変数を1増やすしかなくて，あとは2種類の繰り返し文だけです．まるでロビンソン・クルーソーの無人島の冒険のように，貧しい道具だけでプログラムを書けと言われているみたいですね．

基本の文は3種類にケチっているのに，似たような繰り返し文が2種類とは贅沢な，とおっしゃらないでください．実はどちらが欠けてもチューリング完全にならない，つまりまともな計算ができない言語になってしまいます．

この5種類の文だけでもちろんプログラムは書けますが，せっかく前節で抽象化を学んだのですから，ホワイル言語にもプログラムを「抽象化」する機能を入れましょう．これはプログラムの記述の短縮にしか役立ちませんから，計算できる範囲が増えるということではありません．

どこでも意味が不変な変数と，新しい文を定義できるようにしましょう．言語を拡張できるようにするわけです．

const v

これは変数 v をそれ以降，絶対に値を変更しない定数として使うという宣言です．宣言は約束なので，破らないようにしましょう．例えば

$c1 \leftarrow 0$; $c1{+}{+}$; **const** $c1$;
$c2 \leftarrow c1$; $c2{+}{+}$; **const** $c2$;

$c3 \leftarrow c2;\ c3{+}{+};$ **const** $c3;$

と書けば，以後変数 $c1$，$c2$，$c3$ を定数 1，2，3 の代わりに使えるようになります．

$$S \equiv [\,S_1;\cdots;S_n\,]$$

つまり，≡の左に書かれた文の形 S は定義の本体 $S_1, \cdots, S_n$ と読む，と約束します．文 S に変数が含まれていたら，それは文 S の定義の本体に出てくる変数と同じ変数と約束します．

文の定義の本体の中でしか出てこない（定数以外の）変数はそこだけで一時的に使われる変数で，定義本体のカッコの外の同名の変数とは別のものとします．いわゆる局所変数です．

次の例を見て理解するようにしてください．定義本体の外では何の意味も持たない局所変数は抽象化には欠かせない概念です．

では，この不便な言語を使いやすくしていく拡張を試みましょう．定数 $c1, c2, c3, \cdots, c9$ ぐらいまで，つまり 1 から 9 までの定数は定義済みとします．

まず変数を 1 増やすだけではなくて，普通の足し算ぐらいは書けるようにしたいですね．つまり $x \leftarrow y+z$ という形の足し算文を定義しましょう．

$x \leftarrow y+z \equiv [x \leftarrow y;$ **loop** z **do** $x{+}{+}$ **end**$]$

解説の必要はないでしょうが，まず y を x にコピーし，あと x を 1 ずつ z 回増やしていくのです．簡単ですね．

局所変数の使いどころ

ところで，やりたい足し算が

$$p \leftarrow q+p$$

だったらどうなるでしょう？　定義式で対応している変数を正直に置き換えると，p が x に，q が y に相当するのですが，p は z にも相当します．置き換えてみると

$$p \leftarrow q;\ \textbf{loop}\ p\ \textbf{do}\ p{+}{+}\ \textbf{end}$$

です．最初に p の値を q の値に変更しますが，次の繰り返しは p 回 p（今や q に等しい）を1増やすことになってしまいます．つまり，結果は q を2倍した値が p に入ってしまいます．

あれれ？　こういう予想外のことが起こることをプログラムの「バグ」と呼びます．p が定義の中の x にも z にも相当したことが悪さをしています．プログラミングではバグの発生はなかなか避けられません．

正しいプログラムは下の通りです．局所変数 w を使い，変な混同が生じないようにしています．これだったら，最後の x への代入以外，左辺の（定義されるほうの）文に出てくる変数はどこにおいても値を変更しません．抽象化に局所変数が欠かせないことの一例になっています．

$$x \leftarrow y+z \equiv [w \leftarrow y;\ \textbf{loop}\ z\ \textbf{do}\ w{+}{+}\ \textbf{end};\ x \leftarrow w]$$

1を足す足し算は多いので，それを $x \leftarrow y+1$ と書けるようにしておきましょう．

$$x \leftarrow y+1 \equiv [w \leftarrow y;\ w++;\ x \leftarrow w]$$

これで$x++$を$x \leftarrow x+1$という見慣れた形で書くことが可能になります．足し算が定義できればそれを利用して掛け算もできます．

$$x \leftarrow y \times z \equiv [w \leftarrow 0;\ \mathtt{loop}\ z\ \mathbf{do}\ w \leftarrow w+y\ \mathbf{end};\ x \leftarrow w]$$

0にクリアした局所変数wにz回yを足せば掛け算は完了です．段々まともな言語風になってきました．

足し算しかないのに引き算に挑戦

しかし，引き算はどうするの？という疑問が真っ先に起こります．ゼロクリア，値のコピー，1増やすしかないのにどうしましょう？

なお，チューリングマシンでもそうですが，計算の原理を考えるときは負の数を考えません．そんなのはあとでマイナス記号などを導入すれば何とでもなるからです．ですから，ここで考える引き算は引く数のほうが引かれる数より大きかったら答えを0とします．これを非負減算と呼びましょう．問題はホワイル言語で非負減算を定義してほしいということです．

ホワイル言語を設計したリッチーがほくそ笑む顔が思い浮かびますね．読者もしばし考えていただきたいと思います．どこかの山奥の仙人が開いている「プログラミング道場」に行くと，必ず出そうな問題です．

ヒントはまず引くほうの数が1のときを考えることです．つまり1減らす演算です．非負減算なので引かれる数が0だったら，結果は0のままです．でも，このヒントが出されたからといってなにも問題はやさしくなっていない？

もう少しヒントを出すと，x引く1を求めるということは，x引く1回，0から値を増やすということです．やはりまったくヒントになってないと思う前に，x引く1回というところに何か怪しいテクニックがないのか考えてみましょう．………．

それでは答えを書きます．

$y \leftarrow x-1 \equiv$
　$[u \leftarrow 0;\ v \leftarrow 0;\ \mathbf{loop}\ x\ \mathbf{do}\ u \leftarrow v;\ v \leftarrow v+1\ \mathbf{end};\ y \leftarrow u]$

ここではu, vが局所変数です．何だか分かりにくいですが，最初0だったuとvが繰り返しの中で増加していくことは分かりますね．ここでミソはuがvに1つ遅れて増加していくことです．

つまり，vがxまで増えていったら，1つ遅れたuはx引く1になっているということです．もちろん，xが0だったらこの繰り返しの中は実行されませんから，uは0のままです．ですから，非負減算になっています．図5に「遅れていったらx引く1になっている」のテクニックを図解しました．

1を引ければあとは楽です．といっても，少し長いプログラムになります．

```
z ← x−y≡
[w ← x; # x を局所変数 w にコピー
  loop y do u ← 0; v ← 0;
            loop w do u ← v; v ← v+1 end;
            w ← u # w は y 回 1 つずつ（非負で）減る
  end;
  z ← w]
```

もちろん，さきほど定義した$x \leftarrow y-1$を使えば，以下のように

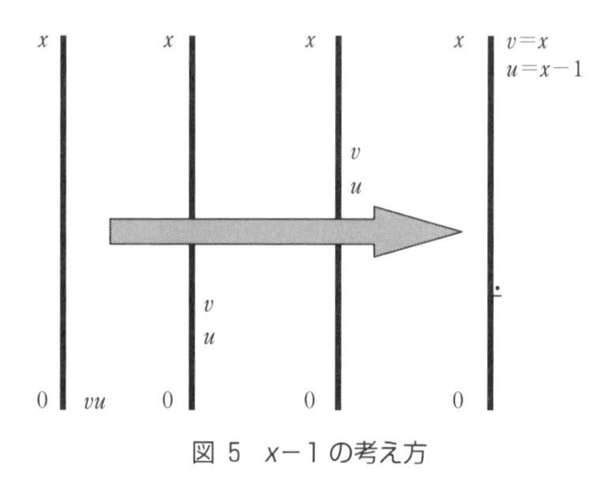

図 5　$x-1$ の考え方

もっと短く定義できます．実際，抽象化を積み上げるこういう方法を採るべきですね．

$$z \leftarrow x-y \equiv [w \leftarrow x;\ \textbf{for}\ y\ \textbf{do}\ w \leftarrow w-1\ \textbf{end}\};\ z \leftarrow w]$$

条件分岐を定義できるか？

足し算や引き算はできました．でも，逐次実行と繰り返しがあるのに，条件分岐に相当するものがありません．どんなプログラミング言語にも **if** 文と呼ばれる条件分岐があるのに，本当に大丈夫なの？と気になります．

しかしそもそも条件分岐というからには真とか偽の概念が必要です．非負整数しかないのですから，何か別のもので代用しなければなりません．ここでは，C 言語でもそうなのですが，0 を偽，0 以外を真と約束しましょう．

定義したいのはいわゆる **if** 文

$$\textbf{if}\ x\ \textbf{then}\ S_1\ \textbf{else}\ S_2$$

です．**if** 文は変数 x が 0 だったら文 S_2 を実行し，x が 0 以外だったら文 S_1 を実行します．その前に，複数の文の並びを 1 つの文とできるようにしておくと便利です．S_1 や S_2 に複数の文が書けるからです．これは｛　｝のカッコを使って

$$\{S_1; \cdots; S_n\} \equiv [\texttt{loop}\ c1\ \textbf{do}\ S_1; \cdots; S_n\ \textbf{end}]$$

と定義しましょう．文の並びの実行は 1 回だけの繰り返しとして表現できます．こんなところで $c1$ が活躍します．以下，｛　｝のカッコで括られた文の並びも S で表わします．

そろそろ，ホワイル言語に慣れてきたでしょうから，**if** 文の定義はやはりまず自分で考えてください．

ほかにも方法があるでしょうが，私の考えた答えはこれです．またも $c1$ が活躍します．

```
if p then S1 else S2 ≡
    [pe ← c1−p; # pe は else 部の実行判定に使用
                # (偽なら 1, それ以外は 0)
     pt ← c1−pe # pt は then 部の実行判定に使用
                # (真なら 1, それ以外は 0)
     loop pt do S1 end;
     loop pe do S2 end]
```

pe や pt の計算で，真を 1 に「正規化」しているところがミソです．

それはそれとして，まだ **while** を 1 回も使っていませんね．**while** を使ったプログラムを 1 つ紹介しましょう．例によってコラッツの問題です．変数 n に初期値が入っているとします．最初に偶数かどうかの判定をする文を定義します．カッコや文の

構造が見やすいように改行を入れて，行の始まりの位置を揃えました（「インデントする」と呼びます）．

```
e ← even(n) ≡
 [x ← n; # n を壊さないように局所変数 x にコピー
  e ← c1; # 最初は真と仮置きしておく
  while x > 0 # x が 0 になるまで引き算して偶奇を調べる
              # 最初から x が 0 だったら，
              # ここでおしまいで偶数と判定
     do x ← x−1; # 1 つ減らしてみる
       p ← c1−x; # ここで x=0 のときだけ p は 1（真）
       if p then e ← 0 # x は奇数なので e を 0（偽）に
           else x ← x−1
       # while の繰り返しの中では x が 2 ずつ減っていく
  end]
```

ややこしいかもしれませんが，要するに 1 ずつ減らしていき，偶数回目で 0 になったら偶数，奇数回目で 0 になったら奇数ということです．ホワイル言語はこういうところがとても不便です．

$3n+1$ の計算をするプログラムは簡単ですが，2 で割るのがちょっと面倒です．でも，2 ずつ引いていって 1 になるまでの回数を数えればいいことはすぐ分かりますね（$1 \div 2$ は 0 です）．**while** を使って以下のように書きます．

```
m ← div2(n) ≡
    [k ← 0; x ← n−1;
     while x>0 do k ← k+1; x ← x−c2 end;
     m ← k]
```

1を2で割ったら0ということを考えて，最初に$n-1$を局所変数xに代入していることに注意しましょう．ここまでできればコラッツの問題のプログラムが書けます．

変数が任意に長い桁の数値を持てるとすると，多分永久に終わらない **while** の繰り返しになると思われるプログラムです．これは読者への宿題としておきましょう．さらに，1になったらプログラムの実行が終わるようにもしてみてください．

こうやっていくと，何もできそうにないプログラミング言語を拡張していくのは，何もできない赤ん坊を愛情をもって育てていくのに似た感じだと思いませんか？

ホワイル言語は効率のことをまったく考えていませんが，効率を重視しながら，言語を人間にとって書きやすく読みやすいように拡張していけると，本当に使いやすいプログラミング言語が「醸成」していけます．もちろん受け入れがたい拡張は淘汰されるでしょう．

4　コンパイラ

見かけのやさしさとは裏腹に，ホワイル言語はパズル心に溢れた変な言語でしたが，普通のプログラミング言語は基本となる演算も，条件分岐も，繰り返しもずっと分かりやすく書け，効率も良くなるように設計されています．

ご安心ください．逆にホワイル言語と格闘したあとだったら，どの言語もとてもやさしく見えるのではないかと思います．

自動プログラミング？

プログラミング言語の所期の歴史を振り返ると，1950年代は

```
X=X+Y*Z**2-P
```

と書けただけで世の中の人は驚きました．通常使っている数式とほぼ同じ書き方で計算式が書けたからです．なお，ここで，**=**は代入で，**Z**2** は **Z** の 2 乗を意味します．*は掛け算です．タイプライタには掛け算を表わせそうな記号はこれくらいしかありませんでした．

これを機械語，ではなくアセンブラ言語で書こうと思うと，どのレジスタをどう使って，どの演算命令やサブルーチンを使って，などいろいろ考えて命令列を書く必要がありました．それが数式を書くだけで，自動的に機械語に翻訳してくれるようになったのです！

当時の学術的な専門書にはこれを「自動プログラミング」と呼んでいるものがあったことが思い出されます．いまだったら，「これやるプログラム作ってね」と言ったら，人工知能を満載したコンピュータが「はい，ご主人さま，できました」とプログラムを作ってくれるのを自動プログラミングと呼びたいところです．昔は志が低かった，ではなく，技術が未成熟だったのです．

if 文，繰り返し，さらには数式が書けるようなプログラミング言語から，アセンブラ言語などの中間の言語を経て機械語に翻訳するソフトウェアを「コンパイラ」と呼びます．

コンピュータ科学を学ぶ学生はコンパイラの作り方の勉強をさせられます．専門家というからには裏方の苦労を知らないといけないからです．

コンパイラを使って翻訳されるような言語を「コンパイラ言語」とか「高級言語」と呼びます．アセンブラ言語には地べたを這っているような低級感があるからでしょう．アセンブラ言語のサブルーチン相当のものは，高級言語では「関数」とか「手続き」とかいう恰好いい名前になります．

ライブラリという知恵袋

関数は数学で習う関数と同様，引数（従属変数に相当）に値を与えて呼ぶと，それに対応する結果を返してくれます．例えば，**max(x,y)** は，引数 **x** と **y** に数値を与えると，2つの数の大きいほう（最大値）を結果として返してくれます．例えば，

```
p=123; q=345; m=2*max(p,q)
```

とすると変数 **m** には345の2倍，690という数値が代入されます．関数が値を返すということはこのように式の中に埋め込めるということです．「*」という掛け算の記号（演算子）を使わずに **mult**（multiplyの略で，掛けるの意味）関数を使って

```
m=mult(2, max(p,q))
```

と書く流儀もあります．四則演算までこんなふうに書くのはうざいと思う人が多いようですが，私はそれほどうざいとは思わないほうです．

これに対して手続きは，返ってくる値というより，メモリの中身が変更されることを期待しています．例えば，**data** という数値の並び（アセンブラのところ書いた **DATA** と同じようなものと思ってください）があったとき，それらの数値を昇順（小さい順，ascending，ちなみに大きい順は降順，descendingです）に並べ替える手続きは

```
sort_ascending(data)
```

と書くのです．こんな便利なものがあれば，アルゴリズム論の勉強をしなくてもいい気分になりますね．

こうやって関数や手続きをどんどん定義して溜めていくと，大きな知恵袋になります．すでに定義されている関数や手続きをわざわざ最初から定義しなおす必要はありません．この知恵袋は，図書館の本のような知識の宝庫なので，「ライブラリ」と呼びます．

プログラミング言語は言語ですから，ライブラリは語彙と言い換えてもいいでしょう．語彙の豊富な言語は表現力が豊かです．表現力が豊かだとプログラムが書きやすくなるのは容易に想像できますね．

コンパイラ技術の発展

大所高所から見ると，コンパイラはある言語から別の言語（機械語）への翻訳システムです．つまり，言語変換システムです．

大きな枠組みで考えると，いろいろなことが見えてきます．ある CPU で動いている 2 進数のプログラムを，別の CPU でも動くようにしたいと思ったら，2 進数から 2 進数への言語変換をしなければなりません．

こんな回路を作りたいといって，図面を書かずに，何らかの言語で CPU の構造を記述したら，それを半導体回路の設計図に翻訳してくれるのも広い意味での言語変換です．

高級言語の仕様と機械語の仕様をきちんと書いたら，コンパイラが自動的に作成されるコンパイラ・コンパイラという技術もあります．これも言語変換の一種です．なんだか，万能チューリングマシンの話に似てきました．

さて，元のコンパイラの話に戻りましょう．アセンブラ言語は機械語との対応が明快なので，コンピュータの動きが手に取るように分かります．どの命令がどれくらいの速度で動くかは大体分かります[*5]．

つまり，趣味的（？）なプログラマだと，コンピュータの性能を嘗めつくすように最適化したプログラムが書けます．コンパイラは高級言語から機械語へ翻訳するので，嘗めつくすようなきめ細かい翻訳ができません．

しかし，飽くなきコンパイラ技術の開発により，いまや下手なプログラマが頑張るよりずっといい最適化ができるようになりました．コンピュータはどんどん速くなり，コンパイラ技術も進歩しました．みなさん，安心して高級言語を使ってください．

なお，高級言語を直接機械語に翻訳せず，コンピュータプログラムが容易に解釈実行できる簡単な言語（中間言語）に翻訳する方式も最近はよく使われます．中間言語はちょっと見にはアセンブラ言語に近いけれどコンピュータ・ハードウェアが解釈するのではなく，プログラムが解釈実行します．コンピュータが速くなったおかげでこれでも十分なのです．

ウェブブラウザの中で動いている言語の大半はこういう方式で動いています．CPU の違いを吸収しやすく，開発も楽なので，比較的早く広いユーザに使ってもらえる利点があるからです．

---

*5　昔は完全に分かったのですが，最近のコンピュータの CPU は非常に複雑な構造なので，速度は大まかに予想がつくだけです．

5 再 帰

逐次実行，条件分岐，繰り返し，関数や手続きが揃えばもう立派なプログラミング言語です．しかし，ここでもう1つ，新しい概念を導入しましょう．

再帰と繰り返し

それは「再帰」，より正確に言うと「再帰的定義」です．これがなくてもプログラムは書けますが，これがあるとプログラムを書くのがとても簡単になることがしばしばあります．

再帰的定義では，ある言葉を定義するのに同じ言葉を使います．堂々巡りになってしまいそうですが，そうならないような工夫をします．ちょっと馬鹿馬鹿しい例ですが，1から n までの整数の総和を求める関数 isum を再帰的に定義すると次のようになります．

isum(n)≡
　　n が1なら1,
　　そうでなければ isum(n-1) に n を足したもの

これは isum(n-1) が分かれば，それに n を足せば isum(n) が求まるということを表わしています．もうちょっとプログラミング言語風に書くと

isum(n)≡ **if** n==1 **then** 1 **else** n+isum(n-1)

です．n ==1 は n が1と等しいかどうかを調べるテストで，等しければ真，そうでなければ偽を返します．最近の言語は代入を

＝と書くことが多いので，それと間違えないために＝＝にしています．どちらの記述にしても isum を定義するのに isum を使っています．念のため最初 n を5として isum(5) を呼ぶ（実行する）と

isum(5)＝引数5は1ではないので，5＋isum(4)
　isum(4)＝引数4は1ではないので，4＋isum(3)
　　isum(3)＝引数3は1ではないので，3＋isum(2)
　　　isum(2)＝引数2は1ではないので，2＋isum(1)
　　　　isum(1)＝引数が1なので，1

これを逆順に戻ると，結局

sum(5)＝5＋4＋3＋2＋1＝15

が得られます．逆順に見えますが実際に足し算が行われるのは1＋2＋3＋4＋5の順です．つまり5＋(4＋(3＋(2＋1)))です．こんなもの，繰り返しで簡単に書けると思った方が多いでしょう．

実際，そうです．再帰的定義で書けるほとんどのものは，少し面倒ですが繰り返しに変換できます．逆に繰り返しで書けるものはわりと簡単に再帰的定義に変換できます．

それならわざわざ，こんな分かりにくい再帰的定義を持ち出す理由が分からないとおっしゃる方が多いでしょう．ところが，簡潔に書けるということに注目すると，再帰的定義のほうが優れている場合がしばしばあります．

分身を使った迷路探索

例えば，迷路の入口から入って出口に抜ける問題を考えましょう．ヘンゼルとグレーテルのパン屑じゃなくて，青と赤の光るペ

ンキがあり，孫悟空のように分身の術が使えるとしましょう．

なお，この迷路は立体的とします．簡単な例として，出口が迷路の中の階段を上ったところにあるような場合を考えてください．よくある，左手を壁に当てながら歩けば，いつかは出口に達するという方法ではうまくいきません．

まず，入口で分身を１人作ります．

分身は迷路を進んで行き，分岐する場所に来たら，ほかの分身が座っていないか見ます．誰か座っていたら，どこかを回って同じところに来たことになりますから，自分の進んで来た道に意味がないことになります（もちろん，出口に至る別解の経路を来たという可能性もありますが，ここでは出口に至る道が１つ見つかればよしとしましょう）．

また，誰か座っていた形跡があったとか，行き止まりに到達しても同じです．自分が分身された場所に戻り，自分が進んだ道に赤いペンキを塗ります．この分岐を先に行っても無駄だよという印になります．そして自分を消滅させます．

分岐点に誰も座っていなかった，または分岐先にペンキが塗ってなかったら（つまり，誰か過去に座っていた形跡がなかったら）新しく見つかった分岐点ということです．そこで進むべき分岐の数だけ分身の術で自分の分身を作り，それぞれに２色のペンキを与えます（分身も分身の術を使えます）．

自分はそこに座り，歩んで来た道を覚えておきます．分岐はどれも同じような形に見えてしまうので，自分が来た道をしっかり覚えておかなければなりません．

迷路を進んで行き出口に到達したら，もと来た道を戻り青く光るペンキを自分が分岐した道に塗ります．そこに座っている別の分身がいたら「あとはよろしく」と言って自分を消滅させます．

もし誰も座っていなかったら，別の経路で出口に到達する分岐を教えた分身がすでにいたことになりますが，青いペンキを塗って消滅してもあとで混乱は起こりません．

分身たちに仕事を任せ，分岐点に座っていたときに，青いペンキを分岐先に塗る分身が現れ「よろしく」と言って消滅したら，出口に至る道が青いペンキで示されたわけですから，自分が元来た道を戻り，自分を分身した分岐のところで同様に青いペンキを塗って消滅します．こうして出口へ至る道筋が青いペンキで示されて，入口まで戻れることになります．

自分の生んだ分身がすべて赤ペンキを塗って帰ってきたら，その分岐点自体が無意味ということですから，そこを店仕舞いし，自分を分身した分岐のところへ戻って赤ペンキを塗って消滅します．

日本語で書いたのでかえって分かりにくくなったかもしれませ

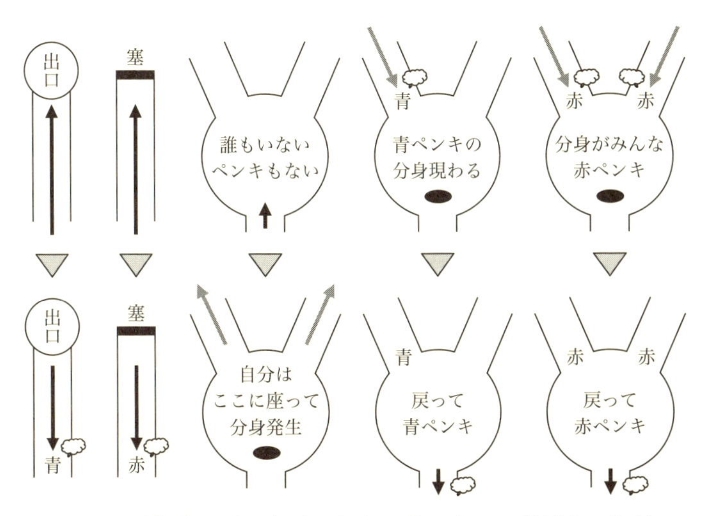

図6　迷路探索の図解（分身の行動，はドロンと消滅する意味）

んが，要するにすべての分岐点で必要な数だけ分身を作り，手分けして出口を探させるのです．

同じところを堂々巡りしないために赤いペンキを塗る．出口に到達したら，来た道を逆順に戻って青いペンキで出口への道筋を示すというわけです（図 6）．1 つの分身は分岐から次の分岐の間でしか活動しないことに注意しましょう．

もう少しプログラムっぽく

1 人の分身の動作をもう少しプログラムっぽく書いてみましょう．だいぶ短く書けます．

迷路を進む
出口に達したら分岐点に戻り，
　自分の来た道に青ペンキを塗って消滅
行き止まりに達したら分岐点に戻り，
　自分の来た道に赤ペンキを塗って消滅
往路で分岐点に達したら，
　もしそこにほかの分身がおらず，
　かつどの分岐先にもペンキが塗られていないなら，
　　自分が来た道以外の分岐先数の分身を生み出し，
　　　それぞれの分岐先を探索させる
　　自分は分岐点に座る
　それ以外の場合は，自分の来た道を戻って赤く塗って消滅
自分が座っているときに，
　分岐先から青ペンキを塗る分身が現れて消滅したら
　　立ち上がって自分が元来た道を戻り，
　　　自分の来た道に青ペンキを塗って消滅
　すべての分身が赤ペンキを塗って現れて消滅したら

立ち上がって自分が元来た道を戻り
自分の来た道に赤ペンキを塗って消滅

ここで分身を生み出すことが，自分の行っていることと同じことを行う関数（手続き）を呼び出すことに相当します．つまり，分身が分身を呼ぶので，分身自体の再帰的定義になっています．

分身はどれも同じ手順に従って仕事をします．終わってみるとどの分身も最後にはすべて消滅します．入口のところで青ペンキが塗られるのを待ってから，青ペンキをたどっていけば出口に行けるというわけです．

これを，再帰を使わずに，繰り返しで書くのはかなり面倒です．それぞれの分身の動作は分岐点から次の分岐点（出口や行き止まりのこともあります）への一本道に関する単純な部分だけに限定されています．繰り返し型のプログラムでは同じところを堂々巡りしないやや面倒な対策が必要です．

再帰は伝家の宝刀

再帰で書くといいことがあります．分身を複数作って，これらに並列に仕事をさせることができるからです．並列コンピュータにこのプログラムをうまくコンパイルすると高速に迷路探索ができることになります．

ただし並列となると，起こり得る状況はもう少し複雑になります．分岐点と分岐点の間で反対向きに歩いてくる分身と出会うことがあり得ます．そしたら，お互いに引き返して赤塗りをすればいいでしょう．

さらには新しい分岐点に複数の分身が同時に到着することもあるでしょう．ジャンケンでもしてもらいましょうか．ジャンケンに負けたら引き返して赤塗りです．こんなわけで並列には，それまでになかったような新しい問題が生じます．

仕事が忙しいとき，自分と同じくらいの能力がある複数の下請けに仕事を分配したくなることがありますが，再帰はそれをプログラミングの場で提供してくれるのです．論理的に複雑なプログラムであればあるほど再帰は伝家の宝刀のように効果的に働いてくれます．分配する仕事の範囲がオーバーラップしないと並列処理が楽なので最高です．

理論に裏打ちされたようなプログラミング言語には，繰り返しがなく，再帰しかないものがあります．

竹内関数

この節の最後に，本筋とは関係ない再帰的関数 *tak* を紹介しておきましょう．次の関数は私が 1970 年代に発明した「タライ回し関数」です[*6]．

$$
\begin{aligned}
tak(x, y, z) \equiv \mathbf{if}\ x > y\ \mathbf{then}\ & tak(tak(x-1, y, z),\\
& \quad tak(y-1, z, x),\\
& \quad tak(z-1, x, y))\\
\mathbf{else}\ & y
\end{aligned}
$$

見てすぐお分かりのように *tak* は再帰で凝り固まったような関数です．*tak* の定義の中に *tak* が 4 つも出てきて，しかも *tak* の引数の中にまた *tak* が出てきています（二重再帰と言います）．

でも，行っている演算は大小比較と 1 を引く計算だけです．容易に想像できるようにこの関数は何の役にも立ちません．面白半

＊6　その後，いかにも日本語な「タライ回し」ではなく，国際的には「竹内関数（Takeuchi Function）」という名前で呼ばれることが多くなりました．

分で作ったものです．

例えば，x を 20, y を 10, z を 0 としてこれを実行すると信じがたいほど時間がかかります．でも結果は 20, つまり元の x の値です．ほかの引数を与えても答えは x か y か z のいずれかです．だからタライ回しと命名したわけです．

そのわりには時間がかかります．役所のタライ回しで時間が浪費されることも，この命名と関係しています．実はこの関数，次の関数と同じ意味です．

$$t_0(x, y, z) \equiv \texttt{if}\ x \le y\ \texttt{then}\ y\ \texttt{else if}\ y \le z\ \texttt{then}\ z\ \texttt{else}\ x$$

こちらはどんなに遅いコンピュータ，いや人間が計算しても一瞬で答えが求まります．前節で述べたコンパイラの究極は，元のタライ回し関数を，こちらの簡単なほうの関数のようにコンパイルしてくれるものです．そう遠くない将来にそうなってくれることを期待しましょう．

6　オブジェクト指向

2節で抽象化の話をしました．サブルーチンも関数も手続きも，複雑な計算を短い言葉で言い表わすための抽象化でした．前節で **max(x,y)** という関数に言及しました．**max** の定義は

```
max(x,y)≡if x>y then x else y
```

と書けます．**max** を使う人は，**x** や **y** という変数名を気に留める必要がまったくありません．必要なのは2つの引数があるということだけです．**x** や **y** は **max** の定義の中で使う局所変数にしかすぎません．

抽象化により，人は記憶のオーバーフローを防いでいるという話をしましたが，上記の例はまさにこれに相当します．**max** は大きいほうの数を求める 2 引数の関数ということだけを覚えておけばよいのです．

2 種類の抽象化

さて，これまで説明してきた抽象化はサブルーチン，関数，手続きという，いわば動作の抽象化でした．通常，計算は目に見えるモノではないので，それ自体が「抽象的」です．

二次方程式の解き方とか，連立一次方程式の解き方とか，解くための手法も言ってみれば動作の抽象化として人間の記憶に入っています．苦手な人も多いでしょう．私も，あまりにも解く機会が少なくなったので二次方程式の根の公式を，授業の黒板の前で思い出せなかったことがあるくらいです．

一輪車の乗り方とか，サッカーのヘディングといった体で覚える動作はある意味，具体的すぎてほかの人に言葉だけでは秘訣をなかなか伝えられません．言葉での抽象化が非常にやりにくいのです．

それに対して，じっくりと目で見れるモノ，触れるモノなどは具体物から抽象概念への道筋が人間にとって楽なように思えます．私がいつも驚くのは，ヒトが小さな赤ん坊のころからイヌとネコを区別できるようになることです．ある意味で恐るべき抽象化能力だと思います．

もうちょっと大上段の言い方をすると，手順は時間方向に関する概念で，目で見れるモノは空間の拡がりに関する概念です．人間はどうも空間に関する認知能力のほうが優れているように思われます．

人間のこういった能力と，手順の抽象化に基づくプログラミング言語の相性があまり良くないことは容易に想像できます．1970年代後半から芽生えてきて，1980年ごろに大ブレイクした「オブジェクト指向」は，抽象化の「方向」をまさにコペルニクス転回しました．

オブジェクト指向は当時「もの指向」とも訳されたくらいで，抽象的な手順ではなく，具体的なモノに基づいて抽象化を進める方法です．

オブジェクト指向の基本

モノと言いましたが，実はヒト（人）で説明したほうが分かりやすいでしょう．人に関する情報や人の行動・能力をコンピュータの中に表現したいとします．人には，名前，生年月日，性別，住所，電話番号，メールアドレスなどの個人情報や，その人が持つ知識や能力がたくさん付随しています．

知り合っていて信頼できる人から「メールアドレスを教えて」と聞かれたら，教えてあげるでしょう．「いま何時ですか？」と聞かれたら，腕時計をしていれば答えるでしょう．「明治維新って西暦何年でしたっけ？」と聞かれたら，知っていれば教えるでしょう．「この二次方程式を解いてください」と依頼されたら，数学の素養があればちょいと計算して解いてあげるでしょう．

これらをコンピュータの中に表現したいとすると，メモリにその人の個人情報に関する表のようなものを格納するはもちろんですが，その人が知っている情報や，その人ができる仕事を全部1つにパックして格納するのが分かりやすいですね．まとまった情報は1か所にまとめる，これは情報管理の基本です．

このようにパックされた情報には，表のようなデータのほか，その人ができる仕事の具体的な中身，つまりプログラムが含まれます．

「二次方程式解いてください」に答えるには，二次方程式の解を求める式をプログラムとして動かして答えを出すのです．試験の成績表を渡されて「平均点と分散を計算してください」と頼まれれば，該当する脳内プログラムを動かして答えます．

そう，人の情報処理の能力は人が脳の中に持っているプログラムにほかなりません．

「メールアドレスを教えて」と他の人から言われたとき，この人に教えていいかな？という計算をさっとしてから答えますね．聞いたほうの人からすると，パックになった情報の内部に直接はアクセスできないから質問するということです．

個人情報なのだから当然ですが，これをコンピュータのメモリに入った情報と考えるとちょっと不思議ですよね？　だって，そこに表として格納されているじゃないか，と言いたくなります．

しかし，機械語（アセンブラ言語）ならいざ知らず，複雑な翻訳過程でいろいろな「規制」をかけることが可能なコンパイラ言語だと，あちこちのメモリに勝手にアクセスさせないようにできます．個人情報にアクセスできるのは，その人にパックされたプログラムだけに制限するのです．もちろん，プログラム自身を外部から勝手に走らせることはできません．

どうするかというと，情報や能力へのアクセスはすべて「メールアドレスを教えて」や「この二次方程式を解いてください」といった依頼の形をとります．依頼を受けたら，自分がそれに対応するプログラムを探して走らせ，その結果を返すのです．

例えば「メールアドレスを教えて」だったら，依頼してきた人が自分の知り合いの中にいるかどうかを調べるプログラムを走らせ，知り合いだったら個人情報の表に入っているメールアドレスを結果として返します．単純なようですが，立派なプログラムが走ります．

オブジェクト指向言語では，このように情報がパックされたものをオブジェクトと呼び，依頼はメッセージ，依頼に応じて走らせるプログラムをメソッドと呼ぶのが普通です（図7）．しかし，言語によってこのあたりの用語が結構変化するので注意してください[*7]．

オブジェクトの中の情報に直接アクセスできないことを「情報隠蔽」と言います．穏やかならぬ響きの言葉ですが，他人の家に土足で踏み込まない，あるいは余計なものが見えないほうが，世の中平和で分かりやすくなると理解するとよいでしょう．

クラスによる抽象化

さて，学校にはたくさんの生徒がいます．生徒たちをみんなそ

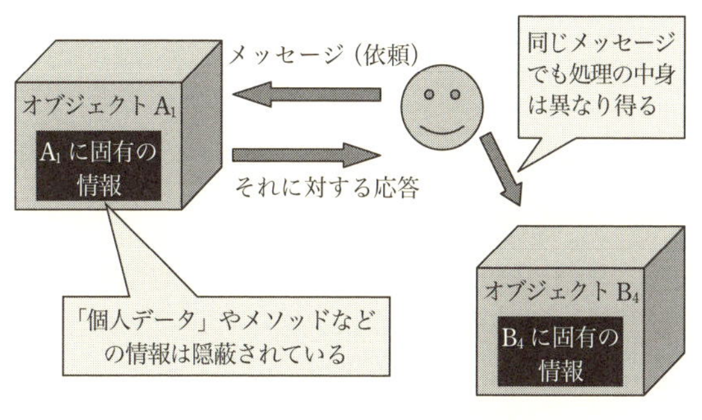

図 7　オブジェクトの概念図

＊7　本書では歴史的にオリジナルに近い用語を使います．

れぞれこのようにオブジェクトとしてパックして，学級担任のコンピュータに保存したとします．

もし，ある生徒が転校したら，そのオブジェクトをゴソッと転校先の学級担任のコンピュータに移せばいいでしょう．通知簿，生活指導票などを別のコンピュータで管理していたら，そっちの転校もそれぞれしないといけないので，それよりはだいぶ楽ですね．

中学2年の生徒だと最低限知っている英単語とか，歴史の知識とかは大体同じです（と期待しましょう）．これをすべて個々の生徒オブジェクトに入れておくと個々の生徒オブジェクトが大きくなり，コンピュータのメモリの中に同じものが一杯重複して格納されてしまいます．何とか共通化してしまいたいですね．

ここで抽象化の登場です．「中学2年生」という言葉を定義しましょう．そこには中学2年の生徒が最低限知っている知識，あるいは持っている能力（脳内プログラム）が付随しています．

「中学2年生」は，たくさんの中学2年の生徒を表わす抽象的な概念です．これを（学校のクラス*8 と紛らわしいので注意してほしいのですが）「クラス」と呼びます．

抽象的ではありますが，コンピュータの中ではデータとして表現できます．そのデータの中に中学2年生に共通の知識や能力の情報を格納します．

とすると，個々の中学2年生の当該部分はクラスの共通情報を共有すれば十分です．共有は，機械語のレベルでいうと共通情報のある場所，つまりクラス情報を格納している番地の共有で間に合います．

---

*8　このため学校のクラスはここでは学級と書いています．

クラスの概念を導入することにより，個々の生徒オブジェクトは驚くほど小さくなります．クラスによる抽象化の威力です．個々の生徒オブジェクトが抱えているのは，名前，誕生日，成績など個々の生徒に固有の情報です．

抽象化はさらに進めることができます．中学1年生，中学3年生というクラスを作ってみましょう．中学2年生の知識や能力は，中学1年生の知識や能力を当然含んでいます．

だとすれば，異なるクラスが同じものを重複して持っていることになります．この重複もなくしたいですね．

中学2年生は中学1年生にない知識や能力が増えているはずです．そのほかは共通です．中学2年生のクラスを定義するときに，「中学1年生＋中学2年生固有の増分」というふうに考えると，中学1年生の部分は改めて書く必要がなくなるはずです．これを利用しない手はありません．

オブジェクト指向の新しいクラスを定義するときは，既存のクラスに増分を加えるだけでうまくいかないかをまず考えます．も

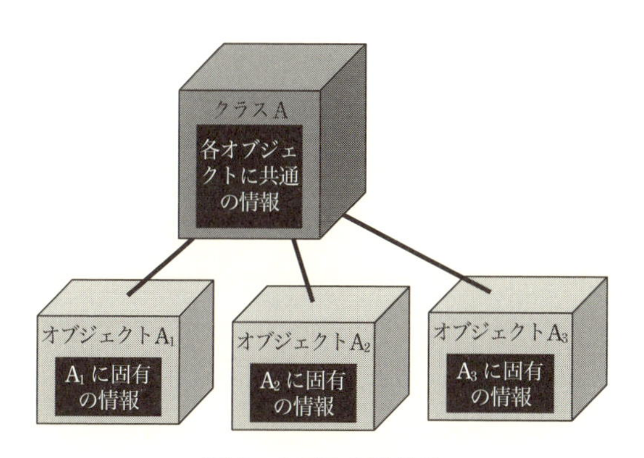

図8　クラスの概念図

しうまくいくなら，既存のクラスをそのまま利用するわけです．

このとき既存のクラスを「スーパークラス」（上位のクラス）と呼び，増分を加えたほうを「サブクラス」（下位のクラス）と呼びます（図 9）．

おやおや，中学 2 年生がサブクラスで，中学 1 年生がスーパークラスになってしまいました．オブジェクトに付随する情報が増えるということは具体化が進むということなので，こうなってしまうのです．

とすると，生まれて間もない赤ちゃんクラスが最高のスーパークラス？　映画『2001 年宇宙の旅』の最後のシーンを思い出させますね．

ついでですが，中学 2 年生の A 君が 2 年生で学ぶ二次方程式どころか，三次方程式も解けるとすると，A 君のオブジェクトにはそれらに対応するメソッドが個別的に加わります．こうして，個別的，例外的なことにも柔軟に対応できます．

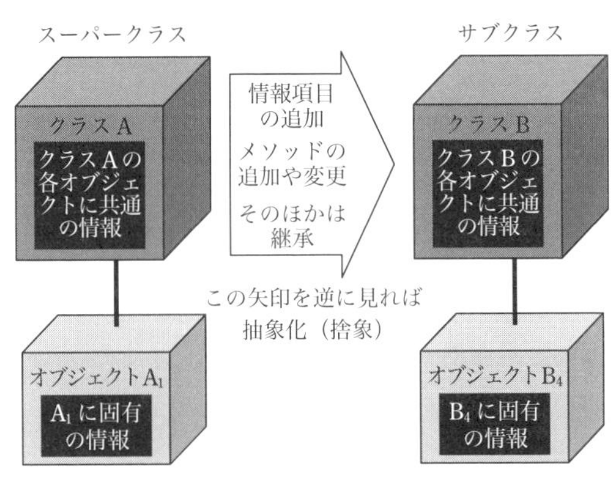

図 9　スーパークラスとサブクラス

エージェント指向

ここまで人をオブジェクトとして説明してきましたが，オブジェクト指向言語ではコンピュータで扱うデータをオブジェクトとして扱います．極端な話，数もオブジェクトです．

数4というオブジェクトに「あのー，私，数5なんですが，あなたに私を足すとどんな数になりますかね？」というメッセージを送ったら「そりゃあ，数9ですよ」と答えてくると（原理的には）考えるわけです．

意思まで持つような人をオブジェクトと呼ぶのはさすがに失礼（？）というか，扱う対象としてレベルが違いすぎるので，オブジェクトと呼ばずに「エージェント」と呼ぶのが普通です．つまり，人の行動をプログラムで表現したいときは「エージェント指向」となります．

通常，エージェント指向はオブジェクト指向を含んだ概念です．複数のエージェントが相互に作用しあうような複雑な社会シミュレーションを考えるときは「マルチエージェントシステム」を使います．どこかで耳にした言葉かもしれません．

まとめると

オブジェクト指向では，まずコンピュータで扱う対象を，情報隠蔽機能のあるデータの塊，つまりオブジェクトとして表現します．たくさんのオブジェクトが共通したメッセージやメソッドを持てばクラスとして抽象化して共通部分の重複をなくします．

さらにクラスの間に共通部分があれば，増分のあったほうをサブクラス，共通部分を提供したほうをスーパークラスとして，クラスの間で抽象化の階層を重ねていきます．

オブジェクト指向が，手順の抽象化という階層化を重ねていく流儀と異なることがお分かりいただけたでしょうか．ここでは簡単にしか書きませんでしたが，実はクラス階層の設計には微妙で難しい問題がたくさんあります．具体的なオブジェクト指向言語を勉強するときには，そのあたりを学んでいただきたいと思います．

7　自然言語とプログラミング言語

人間が人間同士のコミュニケーションのために長い歴史を経て醸成してきた自然言語，例えば日本語と，プログラミング言語がどんな関係にあるか考えてみましょう．2章の9節できちんとした日本語が書ける人は，きちんとしたプログラムが書けると書きました．それはどちらも人が書く言語だから，ある意味当然と言えます．

ところで，プログラミング言語を「喋る」ことができる人を私は見たことがありません．ときどき，日本語で話しているのがそのまま，書いた文章と見紛うようなきちんとした文章になる人がいます．本当に感服します．日本語の係り受け構造が頭の中でリアルタイム処理できているのでしょう．

私は記事にする座談会などの書き起こしを，徹底的に直します．なんという冗長で，文になっていない話し方をするのだ，このアホ，と思いながらの修正をいつも余儀なくされます．

ちなみに，最近，盲目でもちゃんとプログラミングできる人がいることを知りました．人間の能力というのは本当にすごいと思います．

そもそも自然言語は話し言葉から発達してきたものなので，プログラミング言語とは出生が違います．

それはともかく，プログラミング言語が論理的にきちっとしていて厳密であることに異論はないでしょう．コンピュータはいまだに人間ほど自在ではありません．

会社で上司が部下に自然言語で指示をするときは，プログラムのような厳密で隅から隅までの指示はしません．それは2人が共有している常識，業務知識，状況認識が，人間とコンピュータの共通理解の質と量を凌駕しているからです．もっともそのうち，コンピュータの能力向上により，この差はどんどん縮まるでしょう．

プログラミング言語をコミュニケーションに使う

そうなることを夢見つつ，現状での自然言語とプログラミング言語の違いを見てみましょう．自然言語でも箇条書で手順を書くと，プログラムのようなものは書けます．

ただ，上に述べた「共通理解」の不足を補うべく，厳密に書こうとすればするほど，自然言語は法律の文書や契約書のようにぎごちないというか，堅苦しくなります．その結果，最初からプログラミング言語で書いたほうが楽だし，分かりやすいということになってしまいます．

ただし，同じことを自然言語（もうちょっと形式的でもいいです）とプログラミング言語の両方で記述するのは間違いを減らすのに有効です．一般的に2通り以上の方法で同じことを記述するのは信頼性の向上に役立ちます．よいドキュメントはよいプログラムにつながります．

プログラムではなく，アルゴリズムを他の人に伝えるのに，自然言語が半分くらい混じったプログラミング言語を使うことがあります．人間同士のコミュニケーションにはそれで十分というか，そのほうが分かりやすくていいのです．

ただし，プログラムの重要な構造（条件分岐や繰り返し）は，かなり厳密にプログラミング言語のルールに従うようにします．

その先駆けとなったのは，1960年に当時の世界の英知を集めて設計されたAlgol 60という言語です．Algol 60は，コンピュータで実行可能なコンパイラ言語であると同時に，人間同士のアルゴリズムに関する情報交換を円滑にすることも目的としていました．単なるコンパイラ言語ではなく，アルゴリズム・コミュニケーション言語でもあったのです．

だから，ゴチック文字など，通常のタイプライタでは打てないものも含んでいました．確かに当時のどのプログラミング言語よりも，印刷すると見やすい，理解しやすいものでした．

米国の計算機学会（ACM）は当時これをアルゴリズム発表の標準言語として採用しました．そのうち，イタリックフォントや，数学記号も理解するプログラミング言語が登場するでしょう*9．アルゴルズムの教科書にはいまでもこのような言語が使われています．

プログラミング言語に代名詞や形容詞はある？

違いはあるけれど，自然言語とプログラミング言語はひどく本質的に違うように思えなくなってきましたね．しかし，私が大昔から気にしていたのは，自然言語にある形容詞，副詞，代名詞がほとんどの言語にないことです（皆無とは言いません）．

この計算を「より正確に」と修飾すれば，そこでは数値演算を

---

*9　1960年ごろ（！）のAPLや，2008年に発表されたFortressという「要塞」みたいな名前の言語がその方向に向かっていました．

64 ビットの計算ではなく 128 ビットの計算でしてくれたらいいですね．いくつかのプログラミング言語では，こういったことをプラグマという書き方で許しています．

しかし，間近の話題を省略して指し示す，本来の意味での代名詞はほとんど見たことがありません．Java 言語では this という英語の代名詞そのものが使われますが，じゃあ，it とか that とかがあるのかと言うと，なさそうです*10．

「この代名詞は何を指すか？」というのが大学入試問題になるくらいですから，人間にも使い方が難しいのでしょう．

日本語は論理に弱い？

話は変わりますが，日本人は，感性の表現には優れているものの論理に弱い日本語を母国語としているので，英語のような論理的な言い方で相手と戦わないといけない西欧人に，プログラミングでは勝てないという「都市伝説（？）」があります．

実際，フリーソフトウェア運動（ソフトウェアはあまねく人類の共通資産となるべきものであり，それの権利で金儲けしてはいけないという運動）の代表格であるリチャード・ストールマンは，非常に簡明で明晰な文章を書くし，話し言葉も，たとえ食事をしているときでも論理的で明晰です．羨ましいくらいです．

私は数学科で大学時代を過ごしたので，簡単で明晰な英語で書かれた教科書には感心したものです．こんな薄い教科書なのに必要な内容がきちんと伝わってくる．すごい！　もっとも，日本語でも明晰で分かりやすい教科書はありました．偉い先生はやっぱ

*10　Common Lisp という言語の対話型プログラミング環境では直前の結果を it，その１つ前の結果を that と書いて参照できます．これは結構便利ですが，あくまでも対話環境でのみです．

り違います．

こんなこともあり，「日本語は論理的記述に弱い」という都市伝説に反対する人もいます．「そんなことはない，日本語風にプログラムが書けるようにしたい」というわけです．

いくつかの試みがありますが，実はオブジェクト指向プログラミングでは，メッセージを送りたい相手を「主題」として先頭に立たせるという書き方が自然です．

『象は鼻が長い』（くろしお出版，1960年）という名著を書いた三上章という有名な反骨の日本語文法学者を思い出します．私は行き掛かり上，彼の著書を大体読んだ記憶があります．本のタイトルになった「象は鼻が長い」という日本語の文は英語に直訳困難です．主語が2つあるように見えますよね．

「象」というオブジェクトに「鼻が長いか？」と質問メッセージを送る文を書きたいのであれば，「象」を先頭にして，例えば，

象 ⇐ 鼻が長い？

と書くのが自然です，どの象もこう聞かれたら，yesと答えるでしょう．

ところで，日本語は微妙で，ここを「鼻は長い？」と聞くと，違うニュアンスになります．分かりますか？「鼻は長い？」と聞くと，「ほかに長いものはないが，鼻だけは長い？」というニュアンスになります．

もっとも，話し言葉で「が」と強く発音すると，弱い「は」と同じ意味になるような気がします．だんだん自信がなくなってきました．いやぁ，日本語は難しい．日本語を勉強する外国人がこの境地に達するのは相当難しいと思います．

日本語と英語の違い

話が脱線しました．もっと簡単な例で説明しましょう．英語では，x と y を足すことは

add x and y

と書きます．しかし，日本語では

x と y を足す

と書きます．つまり，演算を表わす動詞が最後に来るのです[*11]．足し算の結果が x に入るとして

x に y を足す

と書くと，x が主題っぽいことがお分かりいただけるでしょうか．

兼宗進さんが開発したドリトルという，日本語で書くプログラミング言語はオブジェクト指向で，語順が日本語に近くなっています．画面上にいる「かめ太」というオブジェクトを動かすのに例えば以下のように書きます．

```
かめ太！50 歩く 60 左回り 0.5 待つ 50 歩く．
```

これは「かめ太が，50 単位移動し，そこで 60 度左回りに向きを変え，0.5 秒そこで待ち，また 50 単位移動する」という文です．平叙文のようですが，そのまま命令として解釈します．

＊11　引数を並べてから，関数（演算）名を書く方法を後置記法（逆ポーランド記法）と言います．日本語に近いですね．後置記法に基づいた電卓やプログラミング言語があります．これに対して，$x+y$ は演算が真中に書かれるので中置記法，add(x,y) は演算が前に来るので前置記法（ポーランド記法）と呼びます．これは英語に近い．

語　順

日本語は欧米語よりは「格文法（Case Grammar）」での説明が容易です．「テニヲハ」の格助詞があるので，語順が比較的自由だからです．

「僕は君が好きだ」，「君が僕は好きだ」，「好きだ，僕は，君が」，「僕は，好きだ，君が」，まだまだありますが，どの順番でも言っていることは同じです[*12]．

これが，S+V+O（主語＋動詞＋目的語）の英文法とはだいぶ違います[*13]．もう少しプログラムらしい例だと，「8 から 3 を引く」と「3 を 8 から引く」はどちらも同じ意味ですが，英語では「subtract 3 from 8」としか書けません．語順の自在さを活用する日本語プログラミング言語もあります．

第３外国語としてのプログラミング言語

さて，だいぶ昔話になりますが，ある会合で私は「中学校での英語の教育と数学の教育を一体化したらどうだろう」という提言をしました．数学で使う英語は論理的にならざるを得ず，しかも必要な語彙はとても少ない．第 2 外国語としての英語の基本はこれだ！というわけです．

そこを出発点にして新聞がなんとなく理解できるようにもっていけばいい．挨拶や日常生活のための英語は現場に放り込めば OK というか，会話訓練だというわけです．

＊12　こだわりの人はそれぞれの言い方に，どのような発話の間合いやイントネーションがあるかで，相手に対する効果が最も強いかについての蘊蓄がいろいろあるでしょう．

＊13　英語でも強調構文としての反転はありますが，日本語ほど自在闊達ではありません．

少なくとも第2外国語として英語をしっかり勉強するのは，プログラミングに興味のある人には絶対にお薦めです．言語にはいろいろな流儀があるのだなぁ，と実感できるいいチャンスです．プログラミング言語はそのあとの第3外国語という扱いで十分でしょう．

もっとも，次節で述べるようにプログラミング言語には，ある意味，自然言語を超えるさまざまな変種があります．第1プログラミング言語，つまりプログラミングの母語（?）を何にするといいかについてもいろいろな議論があります．

8　どうしてこんなにたくさんのプログラミング言語があるの？

プログラミング言語の歴史を振り返ると，ともかくたくさんのプログラミング言語が作られては消えていったことが分かります．コンピュータを開発するのはとても大変ですが，プログラミング言語を作るのはお金も人手もそれほどかからないからでしょう．

未完のバベルの塔

1969年にジーン・サメット女史が書いたプログラミング言語に関する785ページもある本は，その当時世界にあった名の知れた150個を超えるプログラミング言語を体系的に分類した本です．

そのカバーに，プログラミング言語の名前が書かれたたくさんの石が積み上げられた未完のバベルの塔の絵が書いてありました(図10)．その中に出てくる言語で生き残っているものはもうほ

図 10 "Programming Languages" (Automatic Computation, 1969年)

とんどありません．

大きな本屋のプログラミング関係のコーナーに行くと，とても付き合いきれない種類のプログラミング言語の本が並んでいます．どうしてこんなにたくさんのプログラミング言語があるのでしょうか？

これを語ろうとするとそれだけで分厚い本になってしまいます．実は多くの言語は特定のアプリケーション分野にチューニングした「ドメイン固有言語（Domain Specific Language: DSL）」です．

これに対して，対象分野を特に限定しないものを汎用プログラミング言語と言います．DSLで書けるものは，プログラムが大きくなりますが，汎用言語でも書けます．つまり，世の中に出回っているすべてのプログラミング言語はチューリング完全という意味で基本能力は同じです．

その差は，人間にとっての書きやすさ，読みやすさ，あるいは速度性能，メモリ消費性能（少ないメモリ消費のほうが性能が高い）にあります．ただ，性能は数値で測れますが，書きやすさとか読みやすさといった人間要因は数値で測れません．

実は，これが言語の多様性を生んでいます．しかも，速度性能を犠牲にしても人間にやさしい言語を作るという考え方もあります．子ども向けのビジュアルな言語はその典型例です．

プログラミングパラダイム論

というわけで，プログラミング言語の優劣を論じるのは，結局，好き嫌いの水掛け論になってしまいがちです．好き嫌いといっても，実際，自分の好きな言語でプログラムを書けば生産性が上がります．

これに類したことを，哲学的に論じたのがトマス・クーンの「パラダイム論」です（中山茂訳，『科学革命の構造』，みすず書房，1971年．原著は1962年刊）．どんな学問，たとえ数学であっても「学派」というものが存在し，その学派固有の手法や規範で問題にアタックします．

この学派固有の手法や規範をパラダイムと呼びます．パラダイムを共有することによって，その学派の中の情報交換が円滑になり，研究が促進されるのです．

パラダイムという言葉はその後，ありとあらゆる分野で使われるようになりました．旧来の規範を大きく転換することをパラダイムシフトと言うのは聞かれたことがあるでしょう．

プログラミングの世界にパラダイムを持ち込んだのは，1978年，コンピュータ界でのノーベル賞と言われるチューリング賞を受賞したロバート・フロイドです．まさにこれによって，プログラミング言語の多様性にお墨付がついたように思います．

フロイドが例に挙げた最も「低レベル」のパラダイムは「同時代入」の仕組みです．

例えば，捕食者の数 **W** と被食者の数 **R**（つまりエサの数）との動的関係を論ずる個体群力学では，次のような式が出てきます．ある時刻での **W**，**R** から次の時刻での **W**，**R** を求める

```
W=f(W,R)
R=g(W,R)
```

という式です（数学的に書くと，時刻を表わす添字をつけるのですが，プログラムではこんな書き方をよくします）．

しかし，これをそのまま実行すると，最初の代入文で，**W** の値が変わってしまうので，2 番目の式の計算が正しくなくなります．そのため，通常はこんな書き方をします．計算結果を一時保存する変数を使うのです．

```
temp=f(W,R)
R=g(W,R)
W=temp
```

でも，うざったいですよね，この **temp**．これを

```
W,R=f(W,R),g(W,R)
```

といったふうに書けるのが同時代入です．この書き方（文法）が好みに合うかどうか（これも重要）は別として，うざい **temp** が不要になりました（コンピュータの内部では **temp** に相当するものがちゃんとあります）．

この個体群力学の場合は状態が **W**，**R** の 2 つだけですが，もっ

と状態の数が増えても同時代入を可能にしたくなってきます．これがプログラミング言語を設計するときの，いわば重箱の隅の仕上げに相当します．

こういう細部設計の積み上げのほかに，もっと大本，言語設計思想の根幹とも言える，計算の方法論に関するパラダイムの設計も言語設計には重要です．

ここでは詳しく述べませんが，手続き型言語とか，関数型言語とか，論理型言語とか，並列言語とか，オブジェクト指向言語とか，いろいろあります．どれもお互いに排斥しあっているわけではなく，それぞれの組合せがいろいろやり方であり得ます．

これに文法の趣味などが加わるので，プログラミング言語が多様になることが理解できたでしょうか．ただ，自然言語と異なり，プログラミング言語が対象としている世界が広くないこと，基礎概念がほぼ共通していることから，一般的には，あるプログラミング言語を知っていると，別のプログラミング言語を学ぶのはそんなに難しくありません．

方言を学ぶよりはちょっと難しいかもしれませんが，スペイン語の分かる人がイタリア語を学ぶよりはやさしいでしょう．

私の母国語はアセンブラ語

私個人の話をすると，母国語はアセンブラ語でした．そして，Lispという言語にハマってしまい，自分で何個もLisp方言を設計・実装してきました．

そんなこともあり，自分でプログラムを書くときは大昔に自分で設計・実装したLisp以外では書きません．このLispはTAOという名前で，仲間たちが開発した専用マシンELISで動いていたものです．

1章で述べた仕組みを使って，私の持っているPCの中で，ELISというマシンが立派に動いています．つまり，大昔のマシンごと現代のPCの中にソフトウェアとして元同僚の天海良治君が「埋め込んでしまった」のです．

しかも，30年前の専用マシンの100倍以上の速度で動いています．果報は寝て待て，とはこのことですね．世の中にはこんな変なことをする人もいるということをご承知おきください．

第4章

いろいろなプログラミング

本章のタイトルは「いろいろなプログラミング」ですが，何の準備もなく，一般的に使われている具体的なプログラミング言語をここでいきなり出すわけにはいきません．

というわけで，まずは３章で紹介したリッチーのホワイル言語よりもっと原始的な，パズルのような言語で遊んでいただきましょう．そのあとは，少しずつリアルに近い問題に進んでいきます．とはいえ，１節を除いて，具体的なプログラムは出てきません．ご安心ください．

この章で紹介する問題のほとんどは，私が作りました．だから，風変わりなのは勘弁してください．でも，結局，プログラミングの（楽しみの）根幹はこのあたりにあると，私は信じています．なお，この章の問題の答えのほとんどは巻末に示します．

1　算数で頑張ろう

ほとんどのプログラミング言語では，数学に出てくるような数式が書けます．掛け算・割り算が，足し算・引き算に優先することは常識になっていますが，それだと困るときはカッコを使って，演算の順序を指定します．

例えば，$3+5\times8$ と書くと，計算結果は 43 になります．しかし，$3+5$ を先に計算してほしいときは $(3+5)\times8$ と書きます．$10-5+2$ と $10-(5+2)$ でも結果が異なってきます．

カッコのつけ方で劇的に式の意味が変わる

さて，まずはカッコのつけ方次第で，式の意味が $x+y$ にもなり $x-y$ にもなり $y-x$ にもなるという式を見つけてくださいという問題です．後に出てくる問題もそうですが，短い式が高く評価されます．

短い式って？という疑問が出そうですが，使われている記号の数というくらいにして，ここはあまり堅苦しく考えないことにしましょう．

この問題が解けたら，今度はカッコのつけ方次第で，式の意味が $x+y$ にも $x-y$ にも $x\times y$ にもなる，なるべく短い式を考えてください．

これがプログラミングと何の関係があるのだと思う方もいらっしゃるでしょう．でも，カッコをつけ間違えただけでこんなに意味が変わるのは恐ろしいことだと思いませんか？　プログラマは日々こういうミスを犯さないように頑張っているのです．

算術式でプログラムを書く？

算数のもう1つの問題を紹介しましょう．約20年前に（今は長く休刊中の）共立出版のコンピュータ・サイエンス雑誌『bit』に出題したものです．

プログラミング大好きの多くの方から解答をいただきました．中には，電車の中で夢中になって挑戦したために，鞄ごと，お金もカードも免許も鍵も置き忘れてしまった人がいました．

整数の5つの演算，足し算＋，引き算－，掛け算×，商を求める割り算÷，余りを求める割り算modがあります．ただし，奇妙なことに，÷とmodは余りを負にしないような割り算を行います．

これらと，負でない整数定数，変数，カッコだけを使って次のような「プログラム」，つまり算術式を書いてください．式は短いほうが高評価とします．式の長さは演算子，定数，変数をそれぞれ1と数えた総和です．カッコは数えません．なお，0で割ることは禁止です．

問1　xを非負整数とします（$x \geq 0$）．$x=0$のときは1，$x>0$のときは0になるような算術式を書いてください．

問2　非負整数x，yについて，$x=y$であれば1，そうでなければ0になるような算術式を書いてください．

次は **if then else** に挑戦しましょう．しかし，このままではうまくいかないことは目に見えています．なぜなら，普通のプログラミング言語における **if then else** では，**then** か **else** のどちらかが選ばれたら，もう一方は計算しないからです．

仕方がないので，ここでは曲げて，算術式の計算に次のような怪しいルールを追加します．なんだか随分恣意的ですが，プログラミング言語の設計とはこんなものです（笑）．

$P \times Q$または$P \div Q$という式があったとき，Pの値が0であれば，Qの計算はしなくてよく，全体の値を0とします．

問3　P，Q，Rを（上記のような）算術式としたとき，**if** P **then** Q **else** Rの意味になるような算術式を書いてください．Pの値が0だったら偽とし，それ以外のすべての整数は真とします．この式の中では，P，Q，Rそれぞれを1文字として勘定します．

ここで制限を少し緩めましょう．もう非負の整数という条件を外すのです．ここまで来れば読者は，整数x，yについて，$x=y$であれば1，そうでなければ0になるような算術式はもう持っていると思います．しかし，次の問題はなかなか面倒そうですね．

問4　整数x，yについて，$x>y$であれば1，そうでなければ0になるような算術式を書いてください．

ここで，整数については大小比較，相等比較，**`if then else`**が一応揃ったことになります．かなりのプログラムが書けるようになりましたね．

問5　整数x，yと異なる整数で，絶対値の最も小さいものを求める算術式を書いてください．正負2通りの答えがあればどちらでもいいとします．$x \neq y$とはかぎらないことに注意してください．

鞄を電車の中に忘れない程度に，まずは気楽に挑戦してみてください．問1や問2が解けると残りの問題も解きたくなってくるでしょう．

算術式だけで，結構なプログラムが書けるようになりましたが，残念ながら，この「言語」はチューリング完全ではありません．繰り返しや再帰がないからです．この算術式を拡張してチューリング完全なプログラミング言語に仕立てるのは，かなり高度な問題です．

2　アミダクジの仕様変更

職業プログラマの多くのプログラミングは，お客様からプログラムの機能仕様が与えられて，それをプログラムとして実現（実装）することです．ところが，お客様の要求する機能仕様がいつも真っ当とはかぎらないので，プログラマは大いに苦労することになります．

せっかくプログラムを書いてみたら，「あ，そこはそんなつもりじゃなかったんです」と言われてギャフンということもしばしばあります．お客様商売は辛いものです．そもそも抜けのない仕様を書くこと自体，プログラムを書くのと同じくらいに大変というか，難しいことなのです．

でも，お客様から「子供でも遊べる楽しいゲームプログラムを作ってほしい」という，仕様（通常，こういうのは仕様とは言いませんが）をもらったら，何を作るかからスタートできるので，プログラミングはとても楽しくなります．

あるいは，お客様からの注文でなくて，「こういうソフトウェアを作れば，多くの人がハッピーになるはずだ」という信念でプログラムを書くのもプログラマ冥利に尽きます．才能溢れるプログラマはこちらのほうを選ぶことが多いようです．

こうして開発したパッケージソフトが全世界に売れれば，大儲けもできますね．10年ほど前にグーグル本社を訪問したとき，そのようなモチベーションでソフトウェア開発をしている技術者が多いことに驚きました．元気のいい会社は違うなぁと実感したものです．シュミット会長らによる『How Google Works』（日本経済新聞出版社，2014年）という本からもその雰囲気がよく伝わってきます．

アミダクジの仕様

さて，次の問題はプログラムを書くというより，仕様を作る（変更する）という問題です．

おなじみのアミダクジ（図1）は，縦線の上端から降りていって，横線で降りる縦線が入れ替わることによって，下端に着いたときには別の縦線になっているというクジです．簡単にできるの

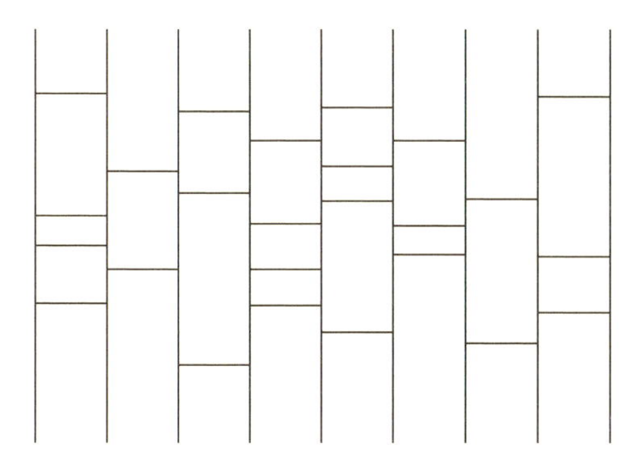

図1　アミダクジ

で，よく使われますね．

異なる上端から出発して同じ下端に着くことがないので，クジとして良い性質を持っています．別の言葉で言うと，上端と下端が一対一の対応になっています．

アミダクジ（阿弥陀籤）は室町時代からあったようです．当時は，今のように上から下に線を引くのではなく，中心から放射状に線を引き，その間に蜘蛛の巣のように横線を引いていました．これが阿弥陀仏の後光に似ているので，阿弥陀籤と呼ばれるようになったそうです．

「蜘蛛の巣籤」じゃなくてよかったですね．これは端っこがないのでクジとしては多少良い性質をもっています．

アミダクジの横線が縦線を飛び越えたり，行き先がワープするような拡張をして遊んでいる人がいます．これでもちゃんと縦線の上端から下端は一対一対応がついています．

もっとも，図2のような線の引き方もありとすると，一対一対応がちゃんとついているという証明はそう簡単ではありません．

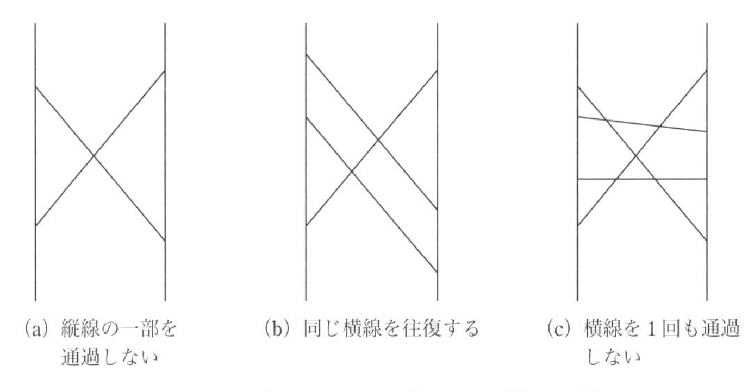

図 2　たどってみると面白いことが起こる例

興味のある方はぜひ挑戦してみてください（解答は書きません）.

仕様変更をお願いします

ここからが仕様変更の問題です．アミダクジでは，縦線上の点には横から1本しか線が出入りしないというルールになっています．しかし，図3のように，同じ点に横や斜めから複数の線が出入りしていいとすると，どのようなルールにすれば良いクジになるでしょうか？

良いクジとは，縦線の上端と下端が一対一対応になっているものです．同じ点に入る横線や斜め線を全部無視するルールにしても良いクジにはなりますが，面白くありません．良いクジになるように簡潔なルール拡張をしてください．

アミダクジは子供でも遊べるくらいに簡単じゃないといけないので，考えるのが面倒な拡張はしないでください．

答は呆気ないくらい簡単です．ぜひ考えてください．

図 3　同じ点で横線が交わるアミダクジ

3　与えられた仕様からプログラムを作る

前節でも述べたように，職業としてのプログラミングの多くは与えられた仕様を満たすプログラムを書く作業です．仕様には詳細に至るまできちんとした書かれたものもありますが，曖昧なことがしばしばです．

これが職業プログラマにとっては一番辛い．しかし，簡潔でまったく曖昧さがないのに，それを実装するのが難しいというものもあります[*1]．

えっ，そんな関数あるの？

ここでもあえてプログラミング言語を出さずに，与えられた仕様を満たす関数を作るという問題を考えましょう．

*1　実装が不可能であることが証明できるものもあります．

任意の実数 x に対して，$f(f(x))=-x$ となるような，実数から実数への関数 f を作ってください．$y=f(x)$ としたときの，xy 平面のグラフの形を示せば結構です．

虚数の単位 i を使って $f(x)=ix$ とすると，$f(f(x))=-x$ になりますが，こうすると実数から実数への関数という条件に違反します．

これは昔からある有名な問題です．解答はいろいろありますが，一番分かりやすいのは図 4 に示したグラフで表わされる関数です．グラフがブチブチ切れていますが，線の端が白丸になっているところはそこに点がないという意味です．

このグラフをじっと見ると，単純な放射状から少しずれた風車のような形になっていることがお分かりになるでしょう．こうすることによって，例えば，正の数を負の数へ 2 回かけて回転させているのです．複素平面をご存知の方なら，$f(x)=ix$ で複素数が 90 度ずつ回転していくことを思い起こさせます．

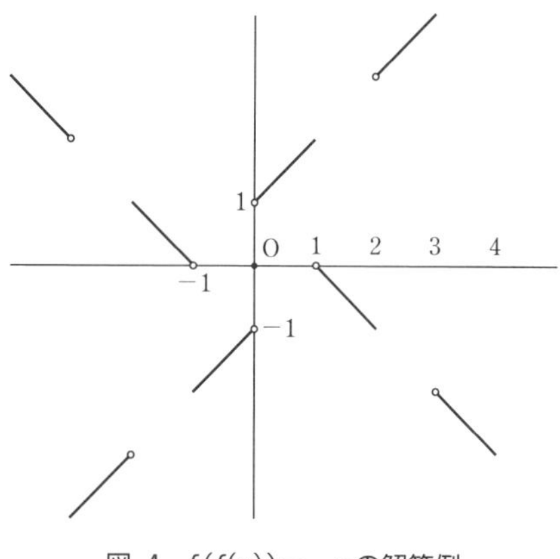

図 4　$f(f(x))=-x$ の解答例

では，問題に挑戦してみましょう．

問1　任意の実数xに対して，$f(f(x))=1/x$（$x\neq 0$）になるような実数から実数への関数fを作ってください．予想外に簡単なグラフで書けますよ．

問2　任意の整数xに対して，$f(f(f(f(x))))=x^2$となる整数から整数への関数fを作ってください．整数から整数への関数なのでfの値が整数以外になってはいけません．また，整数以外の値をfに与えたらどうなるか，気にする必要はありません．

問3　任意の有理数（整数分の整数という分数で書ける数）xに対して$f(f(f(f(x))))=x^2$となる有理数から有理数への関数fを作ってください．ただし，xが0に近づくにつれ$f(x)$の絶対値がどんどん大きくなるようにしてください（もっと，数学的に書くと，$x\to 0$なら$|f(x)|\to\infty$）．問2がヒントになっています．

問2と問3はグラフで書くのが困難なので，$f(x)$を具体的に記述する必要があります．問3は難しいですが，問1と問2は意外に簡単なのでぜひ挑戦してください．

あまりプログラミングの問題らしくないかもしれませんが，何かを具体的に「構成」するという意味ではプログラミングのココロと通じるものがあります．

4　カレンダープログラム

2007年，プログラミングに関するシンポジウムの夜の自由討論のために「自分の好きなプログラミング言語の応援演説をせよ」という宿題が出ました．3章の8節でも述べたように，世の中にはたくさんのプログラミング言語があり，それぞれが流派を形成しているようなところがあります．だから，こういう宿題が出てしまうわけです．

ただ，好き嫌いの議論は，やっぱりただの好き嫌いの話になってしまうので，自分の好きな言語でカレンダープログラムを事前に書いてくるように，という条件がつけられました．好きな言語でちゃんとプログラムを書いてきてこそ，好きな言語への応援演説になるというわけです．

言語の好き嫌いを超えて

カレンダープログラムはプログラミングを学ぶと，比較的初期に出てくる典型的な練習問題です．いわく，西暦4桁と月（1〜12）を与えたら，その月のカレンダーを印刷せよという問題です．大きい月と小さい月があり（2月は特に小さい），閏（うるう）年もあるので，ちょっとしたプログラミングが必要です．

閏年は，西暦が4で割り切れる年ですが，100で割り切れて400で割り切れない年は閏年としない，つまり平年とします．だから，1900年は平年で，2000年は閏年となります．

地球が太陽の回りを1周するのに，365.24219日かかるので，それを補正するために閏年を入れるのです．これでも誤差は出るので，最近はときどき閏秒というものも入れられます．このため，精密な時刻を必要とするソフトウェアは修正を余儀なくさせられました．

私の好きな言語は，Lispという今はマイナーな言語ですが，最近の言語に加えられるような新機能は大体Lispには大昔から備わっていたというエライ言語です．だから，Lispでカレンダープログラムを書いてみてもよかったのですが，そんな学生の宿題みたいなものに付き合うこと自体に抵抗がありました．

カレンダーのそもそも論

シンポジウムの2日前にこれを思い出しました．それでそもそも「カレンダーとは何か？」について考えを巡らせてみました．ところがこれがとても面白いのです．

カレンダーが成立するためには「日」の概念が必要です．そのためには日の出，日の入りがなければなりません．こう考え始めたこと自体，すでに「地球」を飛び出していますよね．こうして，光源たる「太陽（恒星）」に対してその「惑星」は自転していなければならない……，と思考が進んでいきます．

惑星の住民にとって公転に対応した「年」の概念があるとすれば，「年」を区切る何かが必要です．自転軸が公転面に垂直だと，その惑星上の住民にとって，毎日が同じ1日であり，年を区切るものがありません．自転軸が傾いているからこそ四季があるのです（春分，夏至，秋分，冬至）．

実際には，自転軸が公転面に垂直でも，惑星の楕円軌道の離心率が大きければ恒星からの距離が変動し，温度が変わるので四季があります．つまり四季は天文学的に意味のある概念なのです．

とすると「月」も天文学的な概念なのでしょうか．たしかに天上に見える月とカレンダーの月は関係しているように見えます．しかし，地球の月の満ち欠けの周期は29.53日なので，現在の月の日数（30日と31日が主）と微妙に異なります．

とすると，地球の12か月というのは結構便宜的なものなのでしょう．実際，太陰暦では適宜閏月（13か月目）を加えて調整しています．なるほど，太陰暦というのもありますねぇ．太陰暦印刷プログラムを宿題にしたらみんな結構悩んだと思います．

四季が天文学的な概念なのですから，月の数は4の倍数になっていると分かりやすそうです．しかし，どうも必然性はなさそうですね．

地球みたいに月，つまり「衛星」が1個であれば分かりやすいのですが，火星にはデイモスとフォボスという2つの月があり，土星に至っては2015年時点で知られている衛星が67個で，まだ時々新発見があるとか．衛星をめでて，カレンダーの月を区切るのは，なかなか難しそうです．

週，曜日，元年に至っては…

カレンダープログラムにもう一つ必要なのが「週」と「曜日」の概念です．いや，本当に必要かどうかはちょっと怪しいですね．しかし，年，月，週，日という4階層を仮定するのは，どことなく自然に見えます．かなり勝手な主観ですが．

しかしこの際，自然だと思うことにしましょう．なぜなら，ここまで来ると，興味は（太陽系に限らない）よその惑星の住民にカレンダーシステム，およびそれに基づくカレンダー印刷プログラムを売り込むというビジネスを始めることなのです！

これをUSOカレンダーと呼びましょう．USOは，もちろんウソではなく，Universal Standardization Organizationという，ISO（International Standardization Organization）の上部機関が定める規格を意味しているのです．ここにおいて，地球人がヘゲモニーを握るべきというのは，ケチ臭い日本人の島国根性をはるかに超えた発想ではないでしょうか（笑）．

話は「週」に戻ります．最早明らかなように1週が7日からなるということにはなんの天文学的な根拠もありません．はっきり確認したわけではないが，宗教由来なのではないでしょうか．

7以外の中国由来の六曜は30日の5等分から来たようです．これは現在の日本では，先勝・友引・先負・仏滅・大安・赤口と呼ばれています．

ここまで来ても，カレンダー印刷プログラムはまだ書き始められません．元年を決めなければならないからです．いつを元年にするか，これがまた恣意的としか思えません．それに元年が0からスタートでなく1からスタートなっているのも気持悪いといえば気持悪いですよね．

紀元前1年（−1）と紀元1年（+1）が連続するのはなんとも奇妙です．中華民国の民国紀元は西暦1912年ですし，そもそも日本の元号は天皇の即位のたびに紀元が異なってきます．そのうえ西暦に660年を足す皇紀というのもあります．イスラムのヒジュラ暦の紀元は西暦622年です．

さらに，USOレベルでの閏も決めておかなければなりません．太陰暦では閏月というのがあり，地球でもときどき閏秒があります．こう見ると，閏年という言葉は言葉の使い方が間違っていますね．

正確には2月29日を閏日と呼ぶべきなのでしょう．閏がプラス1というのにも必然性はありません．マイナス補正のほうがよければ，マイナス閏もあってよいでしょうし，プラス6という閏もあっていいでしょう．

このように考察してくると，カレンダーの規格の大部分は実に恣意的に決められていることが分かります．ここから先は言葉巧みなセールスでバルタン星人にカレンダー印刷プログラムを売ることを考えるべきなのです．

とりあえず，表1に太陽系の惑星の諸元のうち，カレンダーに

表1　太陽系の惑星

	公転周期 (年)	自転周期 (日)	衛星	赤道傾斜角
水星	0.241	58.65	0	0°
金星	0.615	243.02(逆)	0	178°
地球	1	0.997271	1	23.4°
火星	1.881	1.02595	2	25.19°
木星	11.86	0.4135	65	3.08°
土星	29.46	0.4264(逆)	67〜	26.7°
天王星	84.01	0.7181	27	97.9°
海王星	164.79	0.6712	13	29.6°

必要そうなものを抜粋しておきました．表を見て分かるように，水星，金星，木星，天王星の住民にはカレンダーの必要性はあまりなさそうです．天王星は自転軸がほぼ太陽を向いているようです．

火星人にカレンダーを売る

ここからは話を具体的にするために，火星に焦点を当てましょう．火星の1年は669.6038日です．ここでの1日は火星の1日です．火星は地球より少し自転周期が長いので，火星人にとって地球の1日を基準にしても意味がないことは明らかでしょう．ビジネスは相手に合わせることが肝要です．

火星の月は前述したとおり，7.66時間で公転するフォボスと，30.35時間で公転するデイモスの2個です．地球の月に比べると恐ろしく速いですね．地球の月と同等には扱えそうな気がしません．

もう面倒なので，大体のところ30日とか31日を1月の日数として不都合はないでしょう．相当なご都合主義ですが，カレンダービジネスとはそんなものです（笑）．

すると年に 22 か月，30 日の月を 13 個，31 日の月を 9 個とすればいいことになります．月名は考えるのが大変なので，い，ろ，は，に，ほ，へ，……，つ，ね，な，ら，とします．

もちろん，これでは火星の公転周期とずれてくるので，10 年に 6 回の＋1 日の閏日，または 10 年に 1 回の＋6 日の閏日を設け，さらに 263 年に 1 回のエキストラの＋1 閏日を設ければ誤差はかなり減ります．少し怪しいところがあると思いますがお許しください．あとは火星の暦学者に任せましょう．

次は元年と曜日です．これはエイヤッと，おとぎ話的に決めましょう．かぐや姫は月に戻るはずが，間違えて火星に戻ってしまったのです！　これを火星暦の元年とします．史実（？）によるとそれは地球の西暦では 713 年です（奈良時代）．とすると，地球の 2016 年は火星の 693 年に相当します*2．

曜日はこれまた少々インチキ臭いのですが，やはり仁・義・礼・智・忠・信・孝・悌の八曜としましょう．

地球でもいろいろあります

地球の話に戻りますが，もし武田信玄が天下を取っていたら，彼は曜日を風・林・火・山の四曜にしたに違いありません．しかし，それでは週末比率が高すぎるので，山のうしろに灰曜日を設けたらどうなるか……．また，年号を皇紀としたであろう，などなど，想像が膨らんできます．

ご存知のようにワールドカップは 4 年に 1 回（オリンピックと

---

*2　1＋(2016－713)×365.24/686.98＝693.75，なお，ここでは日を地球の 1 日にして計算しています．

位相が2年ずれています）開催されます．大体7〜8月が開催月です．

サッカー好きの私としては，ワールドカップの年のみ，通常のJun，Augを廃止し，その代わりに62日間のSoc（フルネームはSoccerbar）という月を設けたくなってきます．つまり，その年は変則的に11か月になるのです．

プログラムを生み出すメタプログラム

ここでまで，延々とカレンダーの恣意的な決め方について想像を働かせてきましたが，ここからがプログラミングです．実際，私は上記の考察をシンポジウムの前日までに終え，当日の朝からプログラミングを開始しました．

作ったのは「カレンダー表示プログラム作成プログラム」という，プログラムを作り出すプログラム，つまりメタプログラムです．

これは月の日数，月名の存在・不存在（上記のSocを参照），閏の計算など，すべて年を引数とする関数として与えると（関数を関数の引数として与える！），カレンダー表示プログラムを生成してくれるプログラムです．

基本的にはテーブルを参照して動く，いわゆるテーブル駆動型のプログラムなのですが，要所のテーブル要素がすべて関数なので，できることの自由度が高いのがミソです．

通常，テーブルには数値とか文字列とかが入るのですが，Lispだとそこにいくらでも複雑な関数を入れられるので，例えば閏年の計算は，どんなに変な閏の計算があってもテーブルの中に納めてしまうことができるのです．そういえば，Excelという表計算言語でもそれが可能ですが，Excelで別のプログラムを作成する

仁	義	礼	智	忠	信	孝	悌
						1	2
3	4	5	6	7	8	9	10
11	12	13	14	15	16	17	18
19	20	21	22	23	24	25	26
27	28	29	30				

図5　火星暦印刷例（火星暦691年ぬ月）

風	林	火	山	灰
		1	2	3
4	5	6	7	8
9	10	11	12	13
14	15	16	17	18
19	20	21	22	23
24	25	26	27	28
29	30	31		

図6　武田信玄暦印刷例（皇紀2671年神無月）

のはそう容易ではないでしょう．

生成プログラム自身は60行程度でしたが，予定より時間がかかってしまい，信州上田で開催されたシンポジウムには遅刻してしまいました（図5，6）．

こういうプログラムを考えるのは本当に楽しいですね．プログラミングに限りませんが，何か問題を出されたら，安直に考えずに，問題の根源に立ち戻って考えてみると面白い発見や楽しみがあるよ，という教訓も得られました．

5　ロボカップサッカー・シミュレーション

最近のロボット技術の進歩には目を見張るものがあります．技術だけではなく，社会的波及効果もすごいですね．PC-98や

Windows 95の出現などによってパソコンが爆発的に普及し，なんだか寝ている間にどんどんパソコンが賢く，処理能力が強力になってきたことが，また繰り返されているような気がします．

ロボットに関する競技会は高専生たちが熱中するロボコンもありますが，1993年に日本で提唱され，1997年に初めて世界大会が開かれたロボカップは，私が大学に移って学生諸君の研究テーマを探していたのとピタリとタイミングが合いました．

ロボカップは，2050年のワールドカップで人間のチャンピオンチームに勝てるロボットのチームを作ろうという「荒唐無稽」な目標を掲げたプロジェクトです．一見実現不可能な遠大な目標を掲げ，そこに至る長い研究開発の道程での副産物から多くの価値ある成果を汲み取るのが本当の狙いです．

仮想ピッチでのサッカー

1997年の春，私がNTTの研究所から大学に移って，学生の研究テーマとしてこれはいいと思ったのがロボカップサッカー・シミュレーションでした．つまり，画面に見える仮想平面の中で，ゲームソフトのキャラのような選手たちを動かすプログラムを作って，相手チームのプログラムと戦わせるのです．

シミュレーションなので，実機のロボットに必要な物理現象との格闘が最初から省略できます．情報空間の中で，プログラミングだけで勝負ができるのです．

ここで重要なのは，個々の選手の身体能力が実際のサッカーと同様にちゃんと制限されていることです．例えば，選手は自分の首が向いている方向しか見ることができません．

さらに，遠くを正確に見ようとすると視野角を狭くしないといけません．もちろん，走っていたら急激な方向転換はできません．しかも，スタミナの制限があるので，全速力で走り続けることはできません．

まったく当り前のことですが，これは人間の身体能力を素直に反映しています．飛んでいるボールをトラップしたり，ダイレクトキックするにも，ボールの軌跡を目で追いかけて，正しい位置に走り込んで，正しいタイミングでキックする必要があります．

当然ですが，11人の選手はそれぞれ自分の目で周囲の状況を理解します．しかし，選手同士のコミュニケーションは，短いメッセージでしかできないことになっています．これも，実際のサッカーと同じですね．

プログラミングとしては，かなり難しい問題だということが何となくお分かりいただけたでしょうか．ロボカップサッカー・シミュレーションは，分散して行動する選手たちに対して，それと反対の目的を持つ相手選手たちが，やはり分散して行動するという，ややこしい問題なのです．

しかも，個々の選手には，きわめて流動的で，かつ不完全な情報しか入りません．相手が何を考えているか分からないのはもちろん，味方が何を考えているかも正確には分かりません．

もちろん，人間ならば練習を積むと，味方の考えていることが分かるようになります．しかし味方が視野に入らないことはしょっちゅうですから，局面局面での意思をちゃんと通い合わせることも困難です．だから，後ろからの味方の声は神の声です．

マルチエージェントシステム

人工知能の言葉では，このように独立した認識やスキルを持った動作主体を表現するプログラムを，3章の6節でもちょっと触れましたが，エージェントと呼びます．ロボカップサッカー・シミュレーションでは，11個のエージェントを作らないといけません．

キーパー，ディフェンダ，フォワードといった役割で，ドリブル，走りなどの基礎能力はある程度共通しますが，戦術的な行動を決めるところではそれぞれ専用のプログラムが必要です．つまり，役割ごとに少しずつ異なるプログラムを作らないと強いチームにはなりません．

個々のエージェント（選手）に身体能力の制限を与えるのはシミュレーションのサーバです．個々のエージェントに見えるものや，個々のエージェントの行動は，すべてサーバとの100ミリ秒～150ミリ秒毎のネットワーク通信による状況認識や行動意思の表明（コマンド）によってコントロールされる仕組みになっているのです．つまり，サーバが物理世界を代行しています（図7,8）．

このように複数の（独立した）エージェントを協調させて，目的を達成させるシステムをマルチエージェントシステムと呼びます．

ところで，念のために補足しておきますが，例えば個々のエージェントにドリブルというコマンドはありません．小さなキック，体の向きの変更，小さな走りを表わす基本コマンド，それに絶え間ない自己フィードバックの複雑な連鎖でドリブルを実現します．その上，相手選手も迫ってきますので，それを交わす動きを実行するコマンドも必要になります．

こういうことをすべてサーバと交信しながら実行していくわけです．当然，プログラミングの上手・下手によって，ドリブルの速さ，スムーズさ，相手ディフェンダへの対応がかなり違ってきます．

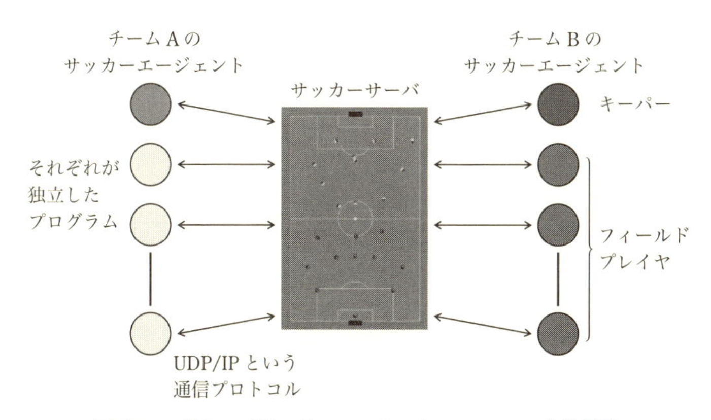

図 7　ロボカップサッカー・シミュレーションの全体構造

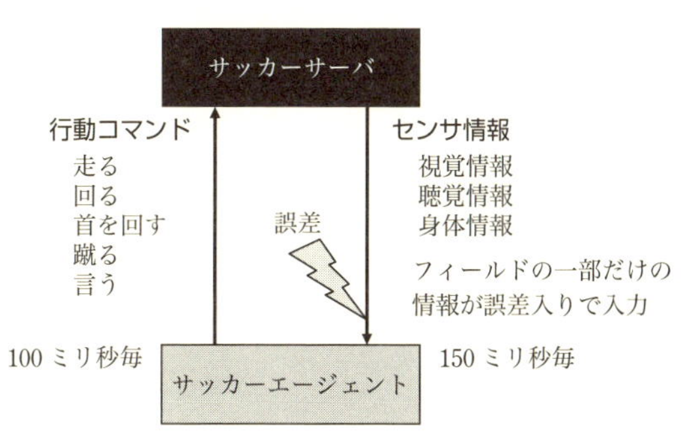

図 8　エージェントの行動の仕組み

サーバーとのやりとりに必要なこのような約束事を，一般にAPI（アプリケーション・プログラム・インタフェース）と言います．あとでも述べますが，ネットワーク上で動くプログラムを書くには，たくさんの API を使いこなすプログラミングが必要になってきます．

人間同士の場合，アイコンタクトといった API 相当のものが開発されます．目線と目線の出会いが，発話言語の機能を補完する情報メディアになり得るのです．これには長い約束練習と，アイコンタクトをただちに正確な行動に移せる身体能力が必要です．

右も左も分からぬところからの出発

私の研究室でサッカー・シミュレーションの研究を始めたときは，当然右も左も分からない状況でしたから，ピッチ（サッカーのフィールド）の外へ走り出して戻ってこなくなるような選手がいなくなるまでですら，苦労をしました．

最初のうちはピッチの空間把握（ライン，ゴールマウス，コーナーフラグなどを見て判断します）もままならなかったのです．それなりにサッカーをしているように見える段階まで到達するのに，卒業研究生５人で半年以上かかりました．

５人全員に別々のチームを作ってもらい，研究室内でトーナメントを行って，お互いを競わせるようにしました．協同で１つのチームを作るより，このようにお互いに競わせたほうが進歩が速そうだと考えたからです．これは企業のソフトウェア開発チームでは，ほとんどやらない方法だと思います．

当時の強豪チームは，エージェント同士の会話を数値情報（選手の位置情報や走行スピードなどの情報）が一杯詰まった，人間らしくない暗号的なメッセージで行っていました．サーバがそれを近くにいる選手に選択的に伝えてくれるのです．声はそんなに遠くには届かないという設定だからです．

そこで私の研究室では，人間に近づけるために，人間のプレイヤが使っている言葉を使おうと決めました．こちらのほうがはるかに難しい挑戦になるからです．

人間のサッカーでは，簡潔でいて必要な情報が伝わるような話し言葉が開発されています．アマチュアレベルですが，私は30年以上サッカーをしていたので，強いチームほど，このような語彙が合理的で，使うタイミングがしっかりしていることを体感しました．

「しょってる」（君の背後に相手選手がいる，あるいは近づいている），「ちょん」（相手の頭越えのフワリとしたパスを出せ），「はたけ」（君はそのままボールを持っては前に行けないから，一度横にパスをしてから行くべきところへ走れ），「門」（相手選手の間を抜く方向にパスを出せ），「スルー」（ボールに触るな，背後にいる自分にそのままボールを通過させろ）などなどがあります．

「右」，「左」，「前」，「後ろ」は話し手，聞き手の位置関係で微妙な意味の齟齬を生じますが，サッカーでは通常攻める方向を基準にして意味を固定するようです．

無言のチームでどこまで行ける？

人間らしい言葉を使う挑戦の前に，鈴木隆志君がとても面白い実験を試みてくれました．一言も言葉を発しないチームを作ったのです．ポジションは相対的にほぼ固定です．

例えば，右サイドバックは，上がり下がりはしますが，右サイドバックがいるべき位置範囲からはみ出しません．パスはさすがに味方を見てその方向に蹴りますが，周りに相手がグチャグチャいるときは，固定ポジションの約束に従って，そこにいるはずだという方向に蹴るだけです．これが，時々ビシッと決まるのでびっくりしました．

実は，試合の状況に応じた動的な協調を行っていないだけで，お互いの位置の約束などを試合前に決めておくという静的な協調は行っています．これをロッカールーム約束と言います．

こんなチームが強いはずがないと思われるかもしれませんが，鈴木君のチームは 1999 年末頃からどんどん頭角を現し，2000 年夏の日本大会では国内 20 以上の参加チームをすべて退けて優勝してしまいました．

実際，鈴木君は個々の選手の基礎技術を高めるために，まさに血のにじむようなプログラミングをしていました．個々の選手の基礎技術では（動いているボールを適切な方向と適切な強さで行わないといけない）キックとかドリブルはもちろん大事ですが，単に走ることも意外と難しいのです．なんだかんだと，かなり面倒な数値計算のプログラミングを要します．

鈴木君は本来，いかに構造のきれいなプログラムを書くかというソフトウェア工学の問題を研究したかったのでしたが，作ったプログラムは改良に次ぐ改良で，建増し建増しのグチャグチャ構造になってしまいました．そもそも，プログラムの仕様自体がはっきりしない人工知能のような問題ではこのようなことが特によく起こります．

このように建増し建増しでプログラムの全体構造が把握しにくくなることは，人工知能以外の一般のプログラミングでもよく起こります．途中で仕様が変更されたり，機能が拡張されたり，そうこうするうちに，対象としている問題自体の理解の仕方が変わってきたりなど，当初のプログラム設計との食い違いがどんどん拡大していくのです．

プログラムを初心に立ち返って，再構成したり，整理したりすることをリファクタリングと呼びます．大きなプログラムを開発するときは，リファクタリングがとても重要になります．

鈴木君は何回もリファクタリングをしていました．そうしないと彼に続く学生が彼のプログラムをうまく再利用・改良できないからです．いずれにせよ，鈴木君のプログラムは，言葉による協調ができているかどうかのリトマス試験紙のような役割を果たしてくれました．

人間らしいコミュニケーションへ

その後，中山康二君が，「はたけ」といった短い人間的セリフだけをベースに，エージェントが動的協調を行うチームの開発を試みました．しかし，「はたけ」という言葉1つとっても，一旦ボールをもらいたい人間が言うこともあるし，後ろからの一般的な指示として発話されることもあります．

また，周りからいろいろな声がかかったとき，どれを受け止めるべきか，あるいは発話する側に立つと，ここで自分は味方にどんな声をかけるべきか，かけざるべきかなどなど，それはそれで難しい問題が発生します．

中山君のプログラムは，鈴木君の個人スキルの蓄積をベースにしていましたが，最初はよちよち歩きでした．しかし，間もなく鈴木君の2000年度国内優勝プログラムには圧勝するようになりました．研究の蓄積をベースとした年々の技術進歩にはまったく驚かされます．

Windows や Mac の OS は，発表されてから不断の改良を続けています．いわゆるバージョンアップです．プログラムあるいはソフトウェアを作ったからといって，それで終わらないのがITの世界です．これはみなさん肝に銘じていただきたいと思います．

身体性制約と創発

それにしても私が面白いと思ったのは，私の研究室でロボカップサッカー・シミュレーションの研究をした学生がすべてサッカーを自分ではやったことがないことです．サッカーのルールの理解すら怪しい学生もいました．

エージェントの基礎技術をプログラミングするには，ロボカップサッカー・シミュレーションという仮想世界の「物理学」の理解と，（サッカーマニアの変な教授が言い散らす）サッカーの技術をアルゴリズムとして表現する能力があればよかったのです．

プログラミングでは，自分の知らなかった世界をまず理解してからプログラミングに取り掛かれるような能力を身につけておくことも重要なのです．しかし，世界チャンピオン級になるには，サッカーを自分の身体的問題として身につけておくことがやはり重要でしょう．

1998 年のフランスワールドカップ行きが決まったあと，当時の岡田武史監督はインタビューで「形を決めた約束練習だけでは，本当のサッカーはできない．1 人 1 人が試合の中で自ら判断する余地を残し，そしてむしろそれを生かさないと創造的なサッカーはできない．形だけでは閉塞する」と発言していました．このような境地に達するエージェントを開発するのは，まだまだこれからの課題でしょう．

ロボカップサッカー・シミュレーションには，3 次元のものも導入されましたが，旧来の 2 次元のものが今でも最もサッカーらしく見えます．どんなものか見たい方は，「ロボカップサッカー・シミュレーション 2d」で検索し，「動画」を選択すると，最近の世界大会の決勝の様子をムービーで見ることができます．

試合時間は10分です．驚くほど人間のサッカーに近いことが納得できるかと思います．福岡大学の秋山英久さんが長年にわたって作っておられるHELIOSは日本の代表的なチームです．いつも優勝を競っています．

ただ，2016年の優勝チームであるシドニー大学のGlidersは人間のチームではあり得ないようなコンパクトな守備をします．選手の間をパスで抜くのも難しい．こういうチームが出てくると，何らかのルール改正，または仮想物理学の変更が行われるかもしれませんね．

マルチエージェントシステムは，人工知能と密接に関係していますが，たくさんの知能が協調しないといけないので，「分散人工知能」とも呼ばれます．1個のプログラムを作るのではなく，たくさんのプログラムを並列動作で協調させるので，プログラムを開発した人が予想もしない振る舞いをすることがしばしばあります．

多くはエージェントのプログラムの誤り（バグ）に起因することが多いのですが，どうしてそうなったかの原因を探すのが非常に困難です．会社の社長が，不祥事が起こったときに，その原因がなかなか掴めないというのとよく似ています．

マルチエージェントシステムは，「複雑系」と呼ばれる，人間には挙動の予測がつきにくい性質を持っています．ときどき，作った人の想像をはるかに超えるすばらしい挙動を示すことがあります．これを「創発」と言います．これに出会うとその面白さにただただ感激されられます．

実際，中山君のチームは魔法のようなスルーパス，つまり相手2人のディフェンダの間に斜めから走り込んでいる選手にピタリと合うパスを出し，そのまま元世界チャンピオン相手にゴールを決めました．ディフェンダは体の向きを変えるためにちょっとだけ余分な時間がかかります．スルーパスが成功する理由です．

中山君はプログラムの中で，スルーパスの準備はしていたのですが，本人も想像しなかったような見事なスルーパスが出て，本人が一番びっくりしていました．

私はこのような「創発」が起こるようなプログラミングが特に好きです．そのためには血のにじむような努力が必要なのですが……．

6　ライフゲーム

前節では，複雑系としての「分散人工知能」を，細部には一切触れずに紹介しました．「人工知能」は今の流行り言葉ですが，「人工生命」という研究分野もあります．

人工知能ではなく，人工生命

「人工生命」とはデジタルの世界で，生命のように動くものが見える「プログラム」のことです．わざわざ「プログラム」とカギカッコで括ったのは，普通のプログラムとはちょっと毛色が違うからです．

人工生命の先駆けとなったのが，1章にも名前が出てきたフォン・ノイマンです．生命の大きな特徴の1つは，自己増殖することです．

ノイマンはデジタルの世界，つまり2次元の格子状に広がったオートマトンの集合の上に，ある規則体系を作り，それによって大きなパターンが自己増殖する仕組みを発明しました．生物のDNAに相当する設計図を持ったシステムが自分でそれを読んで，自分のコピーを作るというシステムを作ったのです．

その後，英国の数学者ジョン・ホートン・コンウェイが「ライフゲーム」というとても面白い仕組みを発明しました．ライフゲームでは，碁盤のような正方形がたくさん並んだ格子模様を考えます（宇宙と呼びます）．1つ1つの小さな正方形をセルと呼びます．

このセルは，黒く塗りつぶされているか，白いかの2通りの状態を取ります．セルは周囲8つと自分の状態で次の時刻での自分の状態が決まる（1章の最初のほうで説明した）オートマトンです．

黒いセルは生きている，白いセルは死んでいると言います（図9）．オートマトンであるセルが並んでいるのでセルオートマトンと呼びます．

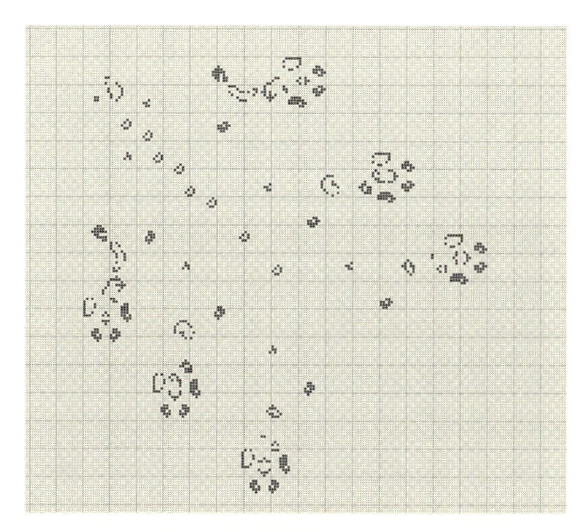

図 9　ライフゲームの小さな宇宙（Golly より diagfuse 1）

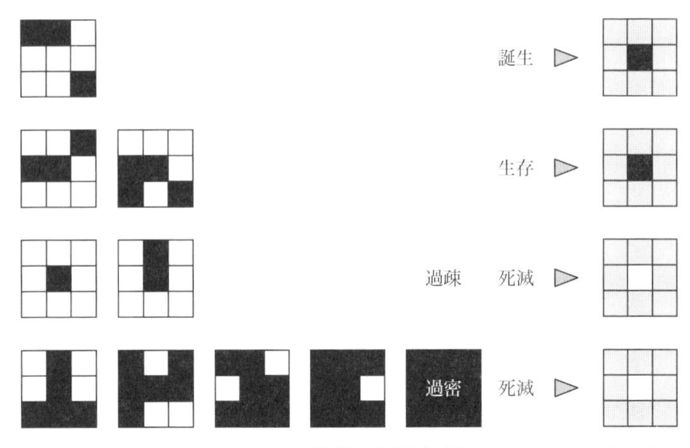

図 10　ライフゲームのセルの状態遷移規則（中心のセルだけに注目）

ライフゲームの各セルの状態遷移の規則はとても簡単です．生態系と似た言葉で規則が説明されます（図 10)．時刻は整数値を取る離散時刻です．つまり，時刻 1 のあとは時刻 2 です．

誕生：死んでいるセルの（隣接する）周囲にちょうど 3 つの生きているセルがあれば，次の時刻には（死んでいたセルは）生きます．つまり誕生します．親がちょうど 3 人いれば，誕生ということでしょうか．

いい環境での生存：生きているセルの（隣接する）周囲に，2 つあるいは 3 つの生きているセルがあれば，そのセルは次の時刻も生き続けます．

過疎による死：生きているセルの（隣接する）周囲に，生きているセルの数が 1 つ以下であれば，そのセルは次の時刻に死にます．

過密による死：生きているセルの（隣接する）周囲に，生きているセルの数が4つ以上であれば，そのセルは次の時刻に死にます．

注意していただきたいのは，時刻 t で上記の規則がすべてセルに同時に適用されることです．例えば，左上のセルから右下のセルへ順番に規則を適用していってはいけません．

一見単純で，かつもっともらしい規則ですが，セルの集合，つまり宇宙を少し離れて眺めると，とても面白いものが見えてきます．個々のセルではなく，たくさんのセルが集まった全体で生命っぽいパターンが見えるのです．

鳥の群れが飛ぶとき，あるいは小魚の群が泳ぐとき，群れ全体が1つの生き物のように動いて見えるのとよく似ています．

単純なパターンを繰り返すものや，心臓の鼓動のようにやや複雑な繰り返しパターンになるもののほか，似た形を繰り返しながら移動していくもの（グライダーが典型例）が見られます（図11）．

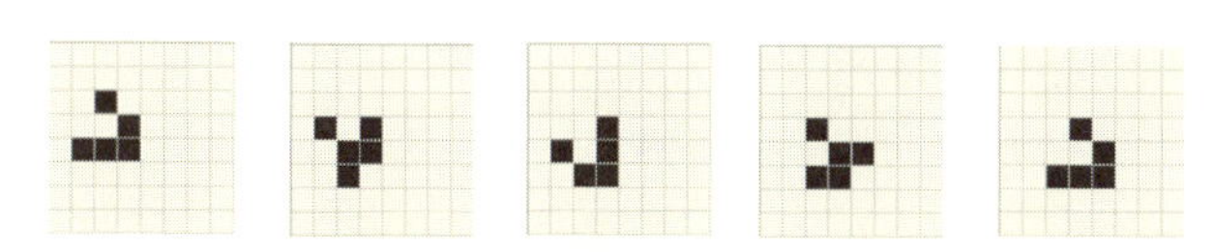

(a) グライダー（この配置だと右下45度方向に移動）

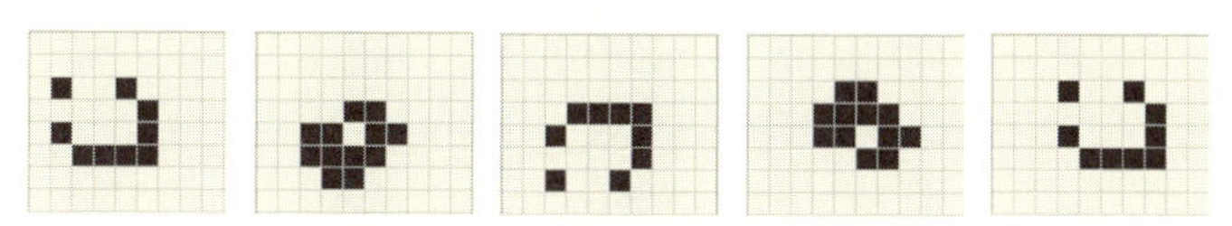

(b) 軽量宇宙船（この配置だと右方向に移動）

図 11　移動していくパターン

ライフゲームのプログラミング

1970年ごろから，多くの人々がライフゲームに夢中になりました．まだパソコンがない時代ですから，手作業で面白いパターンを探した人も多かったようです．

そんな時代でしたが，次々とすごいパターンが発見されました．驚くべきは「グライダーガン」というパターンです．これはぐにゃぐにゃと鼓動しながら，次々とグライダーを発射していきます（図12）．

しかし，今やこの程度は序の口で，信じがたいほと複雑なパターンがたくさん見つかっています．興味を持たれた読者は，次のWebサイトからソフトをダウンロードして動かしてみることをお薦めします（本書の図版の作成にもGollyを使わせていただきました）．

http://golly.sourceforge.net/

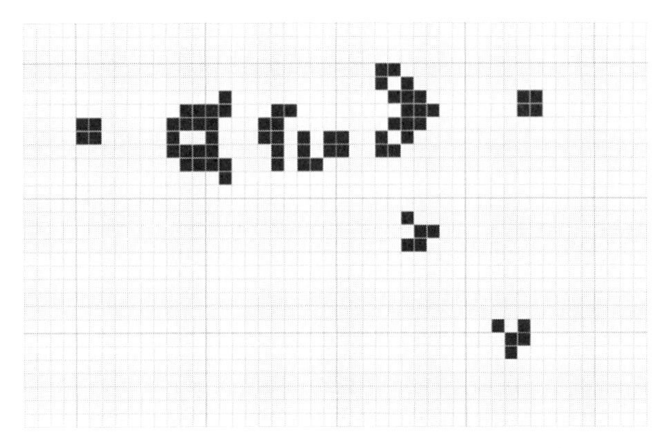

図12　グライダーガン（右下に次々と発射されたグライダーが見える）

このページを表示しただけで，上のほうにGOLLYという文字列が連続的に発射される，ライフゲームで作られたタイトルを眺めることができます．実際，どれを見てもすごいのですが，私が特に感激したのは，『スター・ウォーズ』の映画を連想させる，Patterns → Life → Signal-Circuitry → lightspeed-telegraph でアクセスできるパターンです．

ライフゲームには3種類のプログラミングが関係しています．Golly のように，ライフゲームを動画で見せるプログラムを作るのが，その1です．プログラミングの良い問題です．

なお，半ば冗談でしょうが，ライフゲーム専用のマシンが開発されたことがあります．あまりにも速すぎて，飛んでいるグライダーがただの薄い斜め線に見えてしまっていました．

もう1つは，生きているセルの初期配置（パターン）を設計して面白い動きを生み出すことです．Golly に登場するものすごい作品を見ていると，これらのパターンが偶然に出てくるわけではなく，グライダーガンのような基礎部品をたくさん用意して，それらを組み合わせる技術が醸成されてきていることがよく分かります．

プログラミング言語に付随するライブラリが蓄積されてくるのと似ています．上で紹介したGOLLYを発射し続けるパターンを見ると右側は大量のグライダーのキャッチボールを利用して所望の文字列を発射しています．この調子で多分，ほとんどの文字列が発射できそうです．

実際，ライフゲームのあるパターンが，チューリング完全のコンピュータになることが証明されています．Golly では，上記の lightspeed-telegraph と同じディレクトリにある Turing-Machine-3-state でチューリングマシンの例を見ることができます．だから，ライフゲームのパターンを作ることは文字通りプログラミングなのです．

3つ目（真打ち）は，「ライフゲームの規則」を作るという「プログラミング」です．ライフゲームの規則の中には，2とか3とかの数が出てきますが，この数はどうやって選ばれたのでしょう？　この数を変更したらどうなるのでしょう？

もちろん，すでに徹底的に試されています．しかし，ライフゲームほど絶妙のバランスが取れているものはないようです．

神様プログラミング

ライフゲームのフィールドを先ほど宇宙と書きましたが，ライフゲームの規則は「宇宙の基本法則」に近いものを感じさせます．こんな簡単な規則だけから，生命に近い動きを感じさせるものが生み出されるばかりか，チューリング完全な計算能力も出てくるというところに驚きを禁じえません．

「マーフィーの法則」について聞いたことがある読者は少なくないと思います．「うまくないことが起こり得るときは，かならずうまくないことが起こる」というのが基本法則ですが，「バターが上面に塗られた食パンが食卓から滑り落ちると，必ずバターを塗った面を下にして床に着地する」という派生法則があります．悔しいですね．

実はこのバタートーストの法則は，宇宙の原理に基づいていると喝破した論文があります．2足歩行の生物は，住んでいる星の重力と骨格を形成している物質の分子結合力の限界から，適切な身長の範囲が決まります．

そうすると，食卓の高さの範囲もそれに応じて決まります．そこから滑り落ちたトーストは，その重力環境ではどうやっても半回転プラスマイナスちょっとの回転で床に着地してしまうのです．つまり，宇宙の基本定数とトーストの半回転宙返りは，深く関係しているのです．

それでは，宇宙の基本定数は誰が決めたのでしょう？　ここまで来ると，「神様」が決めたというしかないですよね．ライフゲームの規則に出てくるいくつかの定数（マジックナンバーと呼んでもいいでしょう）はコンウェイが決めました．

私は以前から，これを一種の「神様プログラミング」と呼んでいます．素粒子論みたいな，極めて局所的な基本規則を決めるだけで，それとはレベルの違う大局的なところで，生物のような不思議な性質を持った存在が出てくるという「創発」の面白さです．

私が電気通信大学にいたころ，研究室のある学生が，コンウェイのライフゲームを超える面白い「ライフゲーム」の発明に挑戦しました．大胆な神様プログラミングへの挑戦です．

彼はセルではなくユークリッド距離のある平面空間に連続的に散らばる最小生命（コンウェイのライフゲームでいう黒いセル）たちのアナログ距離での近隣関係で似たようなことを試みました．こちらのほうが「本物の神様」に近いですね．

彼は大きなディスプレイに表現されたアナログ宇宙を，傍目で見ていても気の毒になるほど，じーっと見つめ続ける実験を続けていました．しかし，あまりにも制御すべきパラメータが多すぎて，なかなか興味深い宇宙を実現できませんでした．しかし，その努力は評価に値するものでした．彼が無事卒業できたのはもちろんです．

前節の最後にも同じようなことを書きましたが，「神様プログラミング」は究極のプログラミングだと私は思っています．ひょっとして別の宇宙では，神様プログラミングに不備（バグ）があって，（定義自体が難しいのですが）生命がまったく出現しなかったかもしれません．

7　3人の賢者

神様プログラミングでは「バグ」があっても面白いことが起こらないなぁで済みますが，解かないといけない（解答は必ずある）問題が具体的に与えられた場合，問題の解析が間違っていると，いくら頑張ってプログラムを書いても正しい答えは出てきません．ごく最近，私は散々苦労した挙げ句，それをやってしまいました．

情報がないことが情報になる？

次の「3人の賢者」問題は，『数学セミナー』（日本評論社）という雑誌に出題した問題です．

3人の賢者 A，B，C がカード遊びをしています．1から20までの数が書かれた20枚のカードが円卓上に裏向きに置いてあり，賢者たちは1枚ずつ手元に取ります（図13）．大小比較で中間の数を取った賢者が勝利します．でも，一斉にカードをオープンするだけでは脳がへたれるというので，賢者たちは次のようにゲームを変形しました．

取ったカードを自分の右隣り（B は A，C は B，A は C）にだけ見せます．そして，A から順に右回りに勝敗について確定したことを発言するのです．ただし，勝敗に関する新しい確定情報がないときはニッコリ会釈するだけにします．

最初からニッコリが連続したあと，ある賢者が「ぢゃあ，わし

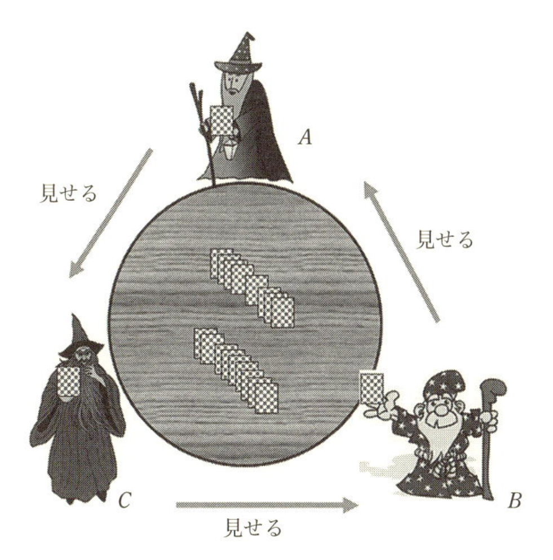

図 13　3人の賢者の問題

の勝ちぢゃな．最初からニッコリがこれより長く連続することはなかろうて」と言いました．誰がどのように勝ったのでしょうか？

賢者の分からない発言が連続することによって，どんどん情報が明らかになってくるという奇妙な問題です．賢者は最高の知恵者ですから，情報が不完全でも，その不完全さに応じた完璧な推論を行うことができます．これが曲者で，プログラムにしようと思うと予想外の苦労をします．

解いてみよう

問題はカードが1から最高20まででしたが，20をもっと小さい数にすると，問題を解くヒントが掴めてきます．プログラムはさておき，私の解答の考え方は以下の通りでした．

以下，賢者 A，B，C のカードの数値も A，B，C と書きましょう．図14はニッコリが連続したときにどのような情報が明らかになっていくかを表わしています．ニッコリが最初のAから始まり，この三角螺旋が内側から外側に回る向きに続いていきます．

図14の楕円の中のm-nはそこでニッコリした賢者のカードの値xが$m \leq x \leq n$であること，その左隣りの賢者のカードの値yも$m \leq y \leq n$であることが公知になることを意味します．

最初のAのニッコリでは，$2 \leq A \leq 19$ということが公知になります．Aが1または20ならAは自分が勝てない，つまり負けであることが宣言できるからです．

なお，AはBを知っているので，Bが1または20であれば，AはBが自分で言う前にBが勝てないと宣言します．つまり，ここでのAのニッコリは$2 \leq B \leq 19$も公知にします．

また例えば，A=1，B=2なら自分が勝てないではなく，Bの

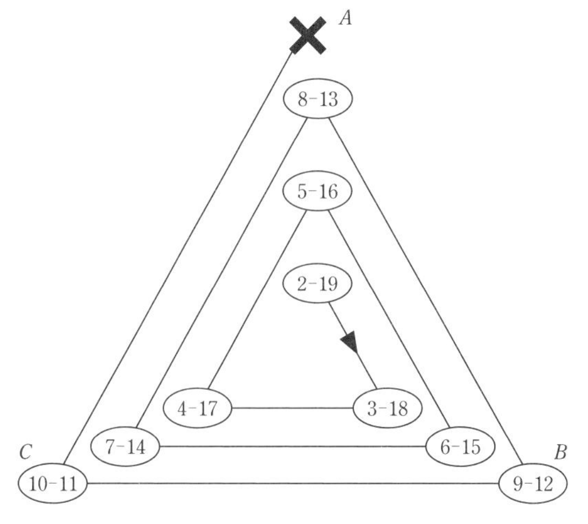

図 14　3人の賢者の推論三角形（間違いあり）

勝ち，$A=2$，$B=1$ なら自分，つまり A の勝ちなどと，情報量のより多い宣言をすることに注意しましょう．何しろ，賢者なので情報量を最大にする発言をします．

次に B がニッコリしたということで，$2 \leq B \leq 19$ に加えて，B が2でも19でもないことが公知になります．もし $B=2$ であれば，$A>2$ であることが分かり，B は C を知っているので，その時点で B の勝ち負け（場合によっては別の勝者）が分かるからです．$B=19$ も同様．つまり，ここで $3 \leq B \leq 18$ が公知となり，$3 \leq C \leq 18$ も公知となります（以下省略）．

ソルバを使って解く

実は最初から私の見落とし（バグ）がありました．ご用とお急ぎでない読者はぜひ考えて，アホな私を叱責してください．

私はこの見落としがあるまま，カードの引き方のいろいろな場合に賢者がどのような行動をするかを求めるプログラムを，それこそ今までに経験したことのないほど苦労して書き上げました(歳を取ったなぁと思います)．私の長い経験からして，この程度の問題にこんなに苦労するのは変だということも含めて，これを人前で発表しました．

案の定，私の見落としを自動的にカバーし，かつずっと簡単に解く方法がありました．実際，東京大学の田中哲朗さんがSMT (Satisfiability Modulo Theories) ソルバを使って，あっという間に解いてくれました[*3]．

$\wedge$(AND)，$\vee$(OR)，$\neg$ (NOT) といった論理記号と真偽値（真または偽）をとる論理変数を組み合わせた論理式を真にすること

*3：これに関する田中さんの発表スライドは http://www.alg.cei.uec.ac.jp/itohiro/Games/160307/160307-16.pdf からダウンロードできます．

ができるかどうかという問題を「充足可能性問題」と呼びます．充足可能（satisfiable）であれば，それぞれの論理変数をどういう値にすればいいかも求めます．

論理変数が少なければ，そんなに難しい問題ではないのですが，論理変数が多くなってくると解くための時間が指数関数的に長くなってきます．それぞれの論理変数をしらみつぶしに真や偽に設定して解こうとすると，とんでもない時間がかかることは容易に想像できますね．

1980 年代は，解くべき問題が論理式の充足可能性の問題として表現されたら，それは「事実上解けない」問題と考えられていました．しかし，その後の技術進歩が目覚しく，むしろ論理式の充足可能性問題に帰着できるような問題は解ける可能性が高い問題と考えられるようになりました．

人間が関心を持つような多くの現実の問題は（多少の工夫が必要ですが）論理式に翻訳すると，本当にしらみつぶし的に答えを捜さないといけないような問題にはならないのです．よくできたものですね．

充足可能性問題を解くシステムを SAT ソルバ（SATisfiability Solver）と言います．今や数百万個の論理変数を含む論理式も現実的な時間で解けるようになってきました．私は，充足可能性問題はまともに解ける問題ではないとずっと思っていましたので，これには驚きを禁じえません．

田中さんが使った SMT ソルバは，真偽値だけでなく整数の比較も含む論理式の充足可能性問題を解くことができます．最近は数独パズルも SMT ソルバで解かれています．3 人の賢者問題も，まさに SMT ソルバにピッタリの問題だったのです．

元の問題をこのようなソルバに与える問題に変換することも，

立派なプログラミングです．これは脚註で紹介した田中さんの発表スライドをご覧になると納得できるでしょう．まだまだプログラミングの技術は進歩しています．そうじゃなくちゃ面白くないですね．

8　隠れ多角形の問題

正方形の裏（下）に3角形が隠れていて見えません．ただし，神様には見えています．正方形の上には点Pがあります．このPが隠れた3角形の内部なのか，外部なのか，あるいはちょうど3角形の境界（辺と頂点）の上にあるのかを調べましょう（図15）．なお，図15は一般の多角形で描かれています．

許されるのは「与えた線分と3角形の境界が何個の点で交わるか？」という質問を神様にすることだけです．それに対する神様

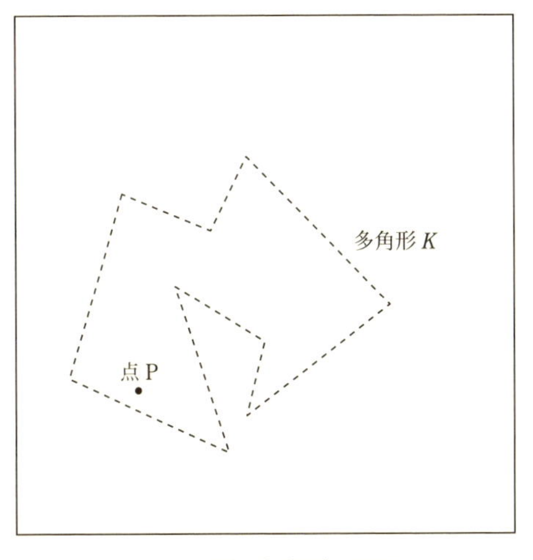

図 15　隠れ多角形の問題

の回答は，0，1，2，無限個のいずれかです．無限個というのは与えた線分と 3 角形の辺が重なったときです．

ちょっと考えれば分かりますが，質問で与える線分は，P を通って正方形を横断するもの（横断線と呼ぶ）か，P と正方形の辺を両端とするもの（放射線と呼ぶ）のいずれかで十分です．なお，放射線に対して，その 180 度反対に向かう放射線をペア放射線と呼びましょう．これも確実に必要になりそうです（図 16）．

問題は，最初の線分の選び方と，それから神様の回答に応じてどのように線分を選んでいくのか，なるべく質問回数の少ないアルゴリズム（プログラム）を求めることです．「なるべく質問回数の少ない」というのは曖昧なので，「最悪の場合の質問回数が少ない」としましょう．この問題の場合，「平均質問回数」というのは意味をなしません．

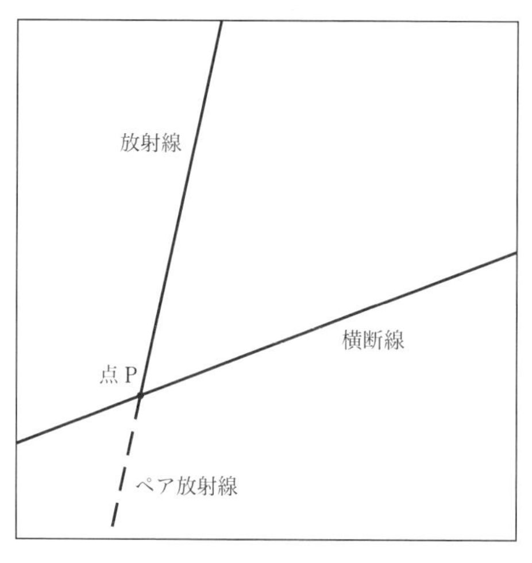

図 16　質問に使う線分の分類

例えば，最初の質問がPの横断線で，神様の回答が0だったら，その時点でPが3角形の外部であることが分かります．しかし，それ以外の回答だったら，回答に応じて次の質問を考えないといけません．プログラミングでいう条件分岐が必要になります．

隠れているのが3角形だったら，最悪3回の質問でPの内部，外部，境界上が判別できます．巻末に解答は書かないので，ぜひご自分で考えてください．

隠れているのが4角形（凹4角形も含みます）だと，最悪質問回数は6回です．交点の数が4という答えもあり得るので，かなり難しくなります．

一般の n 角形ですと，（特別の工夫をしない）一般的なプログラムで対応すれば，最悪 $2n+1$ 回の質問で済むことが分かっています．一般的とはいえ，やや複雑なプログラムが必要です．

確率ゼロの現象に対処する

この問題にはちょっとした教訓があります．引いた線分がちょうど多角形の頂点と交わるとか，多角形の辺と重なるという，確率ゼロの現象が起こり得ます．プログラムを書くときに「絶対に起こらないはずだけど，起こり得る」最悪の現象に真面目に対応する必要があるのです．

これに関連して思い起こされるのが，2005年の東京証券取引所（東証）における驚くべき取引ミスです．担当者が入力を間違え，ジェイコム株の「61万円で1株売り」を「1円で61万株売り」としてしまいました．この結果，みずほ証券が404億円の損害を被ったとされています．あり得ないことが連鎖して起こったのがこの事件の原因でした．

まず，(警告音慣れした) 担当者が3回続いた警告音をすべて無視してしまいました．たとえ，そうだったとしても，これはあり得ない取引なので，システムはその注文を受け付けるべきでなかったのです．システムのバグと言ってよいでしょう．

それはともかく，担当者はすぐにミスに気づき「注文取り消し」をしたのですが，受け付けられませんでした．これはシステム構築において，取り消しコマンドを受理できないようにしてしまったミスでした．

そして，最後の仕上げ，東証が即座に売買の一時停止をしなかったことが拍車をかけました．これは人間側の危機管理の問題です．マーフィーの法則の通り，起こり得ないまずいことが起こってしまったのです．

これで大儲けした人もいたようですが，みずほ証券が東証を訴えた損害賠償は107億円の支払で結審しました．こういうことが起こるので，ソフト開発者は肝に銘じたほうがいいでしょう．

9　ゴールポストの形

ある疑問が起こったとき，プログラムを書いて確かめないと分からないことが多々あります．科学技術に関わる計算では特に多いと思います．

読み書きプログラミング

私がサッカーをやっていたころ，ふとした疑問が生じました．サッカーのゴール（正確にはゴールマウス）はご存知のように白く塗られたゴールポストとその上に渡されたクロスバーでできています．

ゴールポストとクロスバーは，正方形，長方形，円形，楕円形のいずれかでなければなりません．また，ゴールラインの幅12 cm と同じ奥行きでないといけません．

長方形とか楕円形のゴールポストを私は見たことがありません．国際試合ではもっぱら円形のゴールポストが使われているようです．ぶつかったときに危なくないからでしょう．

さて，図17のように，正方形のポストと円形のポストでは微妙にシュートの入りやすさが違うと思いませんか？

こうなると確かめたくなりますよね．簡単のためシュートは強烈なゴロだけとします（2次元のロボカップサッカー・シミュレーションと同じですが，むしろ強烈な横一直線のライナーシュートと考えてもいいでしょう）．

1本のゴールポストに反射してから，反対側のゴールポストに反射してゴールイン（ゴールラインを直径22センチメートルのボールが完全に越えること）ことも計算に入れます．反射は完全な弾性反射とします．

私は三角関数が出てくるようなプログラムを書く趣味はまったくないのですが，サッカーに関する疑問となるとしょうがありません．計算結果を図18に示します．これを見ると，角柱のゴールポストのほうが，よくシュートが行われるところからは入りやすいことが分かりますね．ただし，その差はわずかです．

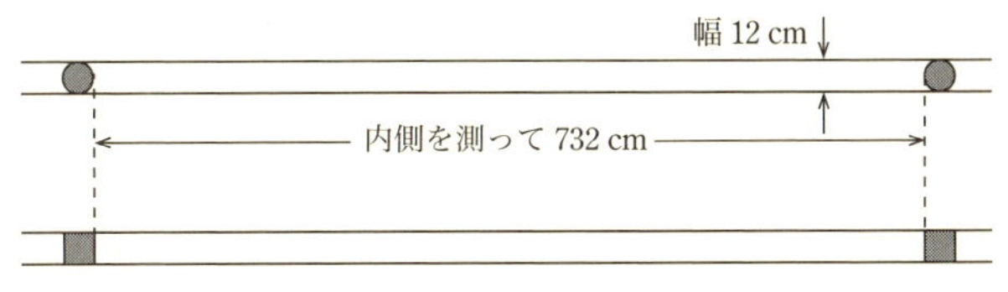

図17　ゴールポストとゴールライン

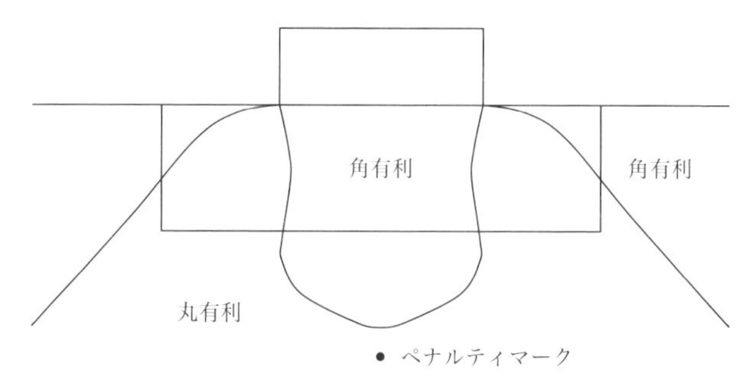

図 18　シュートの入りやすい領域

このように，ふとした疑問を解消したり，日常のちょっとした問題を解決したりするのに，プログラミングを知っていると役立つことが多々あります．昔は読み書きソロバンとよく言いましたが，今は読み書きプログラミングの時代と言っていいでしょう．

10　言葉（API）を使いこなすこと

私がプログラミングを始めたころは，覚えることが多くありませんでした．ここで「覚えること」とは，プログラミングに関わる知識や語彙のことです．ちょっと誇張して言うと，プログラミングの基本概念さえ知っていれば間に合ったのです．

当時，私は医学とか薬学とか化学とかといった学問にやたらとたくさんの固有名詞があり，専門家がそれらをちゃんと覚えて使いこなしていることにとても感心したというか，畏敬の念を抱いていました．これは真似できない，と．

しかし，プログラミングは前にも書いたように，言語を使いますから，どうしても「語彙」が増えていきます．プログラミング言語の基本骨格は簡単でも，便利な機能を提供するライブラリがどんどん追加されて，それらの機能を組み合わせるだけで複雑なプログラムを書けるようになってきました．

その代わり，どこにどんな機能があり，それはどういう名前かをどんどん覚えないといけなくなってきました．機能の名前だけでなく，その機能の使い方（関数だったら，引数の順番など）も覚えなくてはなりません．もちろん完全に覚える必要はなく，慣れてくると，どのへんにどんなものがあるのかというアバウトな知識で済むようになります．

このごろのアプリケーションプログラム（アプリ）は，ウェブ上で動くものがどんどん増えてきました．当然そのための約束事（API）も増加していきます．また，アルゴリズムで問題を解くというより，便利で見栄えのよいツールを作るというほうに重点が移ってきました．

ここでは理路整然とした文章を書くのと本質的に同じ能力が必要になります．文系の人はこの点においては理系の人より高い能力を持っていることが多いので，プログラミングの世界に文系の人がたくさん参入してくれることを期待したいものです．

コラム：ネーミングはセンスの見せどころ その2

ソフト開発の日常では，手続き名，クラス名，変数名などのネーミングがやたらと出てきます．特にたくさんの人が寄ってたかってソフト開発をする場合は，ネーミングに統一感がないと，お互いのプログラムを理解しあうのに困ります．

ネーミング規則を明示的に指定することが流行り始めました．特に複合語をどう書くかが重要です．

1970年のC言語あたりから下線を単語区切りに使うようになってきました．**draw_line**といった感じです．ところがそれを嫌がる人たちもいて，**drawLine**のように複合語の中の個々の単語の頭文字を大文字にする方法（camelCase）を使い始めました．これだと文字数が減ります．

ゼロックス・パロアルトがその文化の中心で，Smalltalkというオブジェクト指向言語はcamelCaseを世界に知らしめることになりました．

camelCaseの語源は，途中の大文字がラクダのコブのように見えるからです．このほか，最初の文字も大文字のものをPascal Caseと呼びます．ここまでは複合語の書法を規定しているのですが，意味を考慮した語順の指定も重要です．

例えば，メソッドの名前は動詞または動詞句にせよと明言しているシステムがあります．値を調整したいときは，動詞を先にして，AdjustParameterにしなさいというわけです．

こういうふうに「形」から入るのは第一歩でしかありません．本当にセンスのよい，統一感のあるネーミングには，どちらかというと文系のセンスと語彙力のほうが役立ちそうです．

第5章
プログラミングの美学

いきなり妙なタイトルで戸惑われたかもしれません．しかし，プログラミングは人間の創造的作業であることは間違いないので，そこに「美学」の概念が絡んできます．もちろん，美学と縁のなさそうな工業生産的なプログラミングもありますが，実は「美学」が入ってくる余地があるようです．

検索すると「プログラミングの美学」に類した言葉は，日本語のページだけでも意外に多く見つかります．しかし，それらを見ていても，やはり「美学」とは何たるものかが多少気になってきます．私としては，読者の皆さんに「プログラミングには美学がある」ということを感じていただきたく，この章を書きたくなりました*1.

1　美学とは？

美学は半ば哲学なので，かなり取っ付きにくいところがあります．素人にも読めそうな手に入りやすい「美学」の入門書は以下の3冊でしょう．

- 野村良雄『音楽美学』（改訂版，音楽之友社，1983年）
- 佐々木健一『美学への招待』（中公新書，2004年）
- 中井正一『美学入門』（中公文庫，2010年．初版は1951年刊）

美学書3冊読み比べ

まず，野村氏の『音楽美学』を読んでみました．素人なりに，

*1　この章は2012年に，とある学会のシンポジウムで発表した内容に基づいています．

通常の美学というのは，絵画や造形，つまり視覚で捉えられるものを対象としていると想像していましたので，聴覚を対象とする，つまり空間軸ではなく時間軸に着目しているのが音楽美学ではなかろうか，だとすれば，プログラミングも時間軸に主眼があるから適切かな，と思ったからです．

私の想像するところの時間芸術としての音楽を野村氏がどのように論じているかに最大の興味があったのですが，それは本の最後の最後になって初めて言及されていて，そのような見方をすることで音楽美学に新しい活路が開けるといったような論調だったのでちょっとがっかりしました．ただし，一般美学の特に古い歴史が正統的に書かれていて，それはそれで参考になりました．

野村，佐々木，中井の各氏の本のどれを読んでも同じことは書いてないのが面白かったですね．佐々木氏の本にもありましたが，プログラミング言語と同様，美学も美学者の数だけあるのかもしれません．こうなると入門者としてはあちこちから面白いところを抽出して利用するしかありません．

佐々木著も中井著も美学の対象についてはかなり広範囲なのですが，自然，技術，芸術の３つが美学の対象となると明確に書いていたのは中井氏でした．技術も美学の対象になるとは心強いですね．素人目にも大胆と思える解説書を書いた佐々木氏は，美学の対象が今日非常に広範囲になったとは書いていますが，技術そのものが美学の対象になるとは，ご本人は明確に主張していなかったようです．

2　美学の対象となり得るのは？

技術も美学の対象となるということなので，プログラミングの美学を考えようとしていた私はちょっと安心しましたが，もう少し深く考えないといけないでしょう．プログラミングの文脈では恐らく次の3種類の美学があります．

プログラミング美学：これはプログラミング，つまりプログラムを作るという行動に関する美学です．学問分野の1つであるソフトウェア工学はそれを工学として扱います．ところが，野村氏の本には，生み出された音楽は美学の対象となるが，音楽を生み出すプロセスに関することは音楽美学の対象とならないと書いてありました．そもそも，美学は芸術創出者のためのものではなく，鑑賞者のための哲学なのであると…．そうなのでしょうか…….

プログラム美学：これは作品としてのプログラム，つまり何かに対する記述が美しいかどうかに関する哲学です．こちらのほうが美学としては正統派なのでしょう．

プログラミング言語美学：プログラム美学が作品（記述）の美学だとすれば，これは技術（記述法）の美学です．絵画に関する美学であれ，音楽に関する美学であれ，技法というかメティエは十分に美学の対象となっていると思われます．プログラミングの研究者・技術者でも，「この言語は美しい」というようなことを言います．プログラミング言語も，仕様，実装を含めて立派な創作的作品だからです．もっとも，そう思ってくれない人もいそうですが…….

どの美学入門書を読んでも，近代以降，芸術のあり方が多様化して芸術として不可能なものはなくなったと書いてあります．それゆえ，美学の標準的な目次はなくなったと．だとすれば上記3つ，どれも立派に新しい美学として創設してよさそうですね．

3　いくつかのパロディ

普段読んだこともないような本を読むと，パロディを作ってみたくなります．

まずプラトンに学ぶ

ギリシャ時代からの歴史に詳しいのは野村氏の本ですが，そこでは（まだ美学という言葉はなく，哲学として括られていた）プラトンとアリストテレスの音楽美学について比較的詳細に紹介されています．それを私なりにかいつまんでみました．

プラトンは『国家論』で音楽についてこう論じています．「音楽は国家のために奉仕しなければならない．だから，女々しい，かつ陶然たらしむる曲はだめ．笛のごとき，乱飲乱舞のための楽器はだめ．」さらに「音楽家になるには，まず節制，勇気，寛大，壮大およびそういったことの本質的形体，また同時にそれらと正反対の形態をそれらのあらゆる結合において知らなければならない」とあります．

プラトンが現代に生きていて「プログラミング美学」を論じたとしたら，こうなるのでしょうか．「プログラミングは国家のために奉仕しなければならない．だから，女々しい，かつ陶然たらしむるプログラムはだめ．Lisp のごとき，乱飲乱舞のための言語はだめ．」さらに「プログラマになるには，まず節制，勇気，寛大，壮大およびそういったことの本質的形体，また同時にそれらと正反対の形態をそれらのあらゆる結合において知らなければならない」と続くはずです．

アリストテレスはいかに？

しかし，プラトンの弟子のアリストテレスは，プラトンのような国家主義的な態度は取りませんでした．野村氏いわく，アリストテレスは当時の対立的音楽観の正しき中道に立ったのです．

彼が編み出した，私たちにも頼りになる名言は「音楽の本質は閑暇における自由人の高尚な享楽である」です．ここで「音楽」を「プログラミング」に変えた「プログラミングの本質は閑暇における自由人の高尚な享楽である」は少なくとも私の琴線に触れました．

「閑暇における自由人の高尚な享楽」に関連して，アリストテレスは，自ら楽器を手にして学ぶべきかどうかについても論じています．彼は，技術的音楽教育を適度に肯定します．それに加わることなくして，その道の優秀な判断者になることは不可能あるいは大難事であるというわけです．

これを勝手に敷衍すれば，プログラムを正しく（広い意味で）鑑賞するには，成長過程のどこかでプログラミングについて学んだほうがいいということになります．今日，急に立ち上がろうとしている「プログラミング教育」の価値を予言していたのです！

しかし，そのアリストテレスも笛，つまりプラトンの項で私がパロディしたように，Lisp はその目的にはだめと言い放ったのでした．残念ですね．

4　芸術とアート，そして美

芸術は英語の “art” に対応する言葉ですが，日本語のカタカナの「アート」は日本で独自のニュアンスを持つに至りました．日本語では「芸術」と「アート」がとても便利に使い分けられています．このあたり，佐々木氏の解説書は多くの例を含めて非常に分かりやすく書かれています．例えば，「ネイルアート」と言うが，「ネイル芸術」とは言わないなど．

ついでながら，博物館でも美術館でもない「ミュージアム」という言葉で指されている施設が今日隆盛を極めているというのも「美学」の概念のある種の変遷を物語っているとのことです．

アートとプログラミング

プログラミングの文脈でartを使った最も有名な本はドナルド.E.クヌース著“The Art of Computer Programming”（Addison-Wesley, 1st edition，1968年）です．この本は原著の改訂に従い，2度邦訳されていますが，いずれもこの原題は訳されないままになっています．日本語で表現するのが困難だったのでしょう．

その後，レオン・スターリング，エフード・シャピロ著“The Art of Prolog”（The MIT Press，1st edition，1986年）という本が出版されましたが，その邦題は『Prologの技芸』（松田利夫訳，構造計画研究所，1988年）でした．副題が“Advanced Programming Techniques”だったので，それでもいいのかもしれません．

美ということなら，アンディ・オラムとグレグ・ウィルソンがまとめた“Beautiful Code: Leading Programmers Explain How They Think”（Oreilly Media, 2007年）やディオミディス・スピネリスとゲオルギオス・ゴウシオスがまとめた“Beautiful Architecture”（Oreilly Media, 2009年）が多分プログラミング関係の本で初めて“beautiful”をタイトルに掲げた本でしょう（どちらもオライリー・ジャパンから邦訳が出版されています）．どちらもとても良い本です．その後も，beautifulを冠したコンピュータ関係の本が続々と出版されています．

そもそも「美しい」とは？

佐々木氏によると，実は日本ではそもそも「美しい」という言葉はあまり頻繁に使われないとのこと．日本語では漢字でも「美女」ぐらいで，あまり使われないと書いてありましたが，電車の中の女性雑誌の吊り広告では「美肌，美顔，美脚」がオンパレードですね．

佐々木氏は例に挙げていませんでしたが，「美技」はここで話題にしている「美学」の文脈には合っていそうです．佐々木氏によれば価値観の3本柱である真善美のうち，「美」だけが不思議と使われない言葉なのだそうです．

ただし，「うつくしい」はれっきとした日本語で，「いつくしむ」から派生した言葉で，元来は可愛いらしいものを形容する言葉でした．漢字の「美」は（生贄の）羊が大きいという字の構成となっていて，立派とか見事とかという意味だったそうです．

佐々木氏は，フランス留学中に「美しい」とは何かについて悟り（？）を開いた瞬間について言及しています．田舎町のカーニバルを見学していたとき，父親の肩車に乗った子供が山車を見て，外国人にも分かる生意気な口調で“Oh，c’est beau!”と叫びました．直訳すれば「おー，美しい！」ですが，これはどう見ても「すっごーい！」あるいは「スゲーッ！」だと，そのとき佐々木氏は「腑に落ちた」ということです．

日本語でいう「美しい」の狭い枠にとらわれない，どちらかというと“wonderful”の語感なのですね．これなら「プログラミング美学」の基準にも使えそうです．

シンポジウムの会場で「このプログラムは美しい」という言い

方をする人がどれくらいいるかたずねてみました．すると，私の予想よりはるかに多くの人が手を挙げたのには驚きました．これはやはり上述の「Beautiful本」のおかげのような気がしますが，素晴らしいプログラムを形容するのに「美しい」という言葉は以前はあまり使われなかったと思います．むしろ「エレガント」とか「カッコいい」とか「きれい」ではなかったでしょうか．

背景知識と技術能力を必要とする美の理解

さて，どの解説書を読んでも，近代に至って，美の絶対的規範がなくなってきたとあります．それを象徴的に表わす事件が，1917年のマルセル・デュシャンの『泉』でした．これは既製品の便器に小さなサインを入れただけの「作品」です．

それから少し時間が飛びますが，1964年にアンディ・ウォーホルが発表した『ブリロ・ボックス』も衝撃的でした．これは洗剤を染ませたタワシのダンボールのパッケージをそのまま木製の直方体で表現したというか，模倣したものだったからです．

音楽の世界では，アーノルド・シェーンベルグの12音音楽，それ続いて，音高のみならず，音の持続，強度，音色すべてを均等に扱うオリビエ・メシアンのセリー音楽が登場します．これらは従来「美」と信じられていた規範を覆すものでした．

佐々木氏によれば，芸術は自然の模倣というドグマを捨て去り，芸術がそもそも「非自然」なのものに変わってきたと言います．こうなると，誰が作品を評価するのかという問題が生じます．

そこで登場するのがコミュニティとコモン・センスの概念です．一足飛びに説明すると，「美の絶対基準とは別の，制作者自身の説明と誰かの支援が必要になってきた」ということです．

ウォーホルの『ブリロ・ボックス』に哲学的啓発を受けたアーサー. C. ダントは “Beyond the Brillo Box”（University of California Press, 1992 年）という本を書きました.『ブリロ・ボックス』には従来の芸術と異なる受け取り方が必要，つまり新しい芸術の鑑賞には感性のみならず，知的活動（大きな背景知識と技術能力）が必要だというわけです.

詳細の紹介は省きますが，彼の論を敷衍すると，いまここで「美学」の対象にしようとしている，プログラミング，プログラム，プログラミング言語の「鑑賞」にも，上記のような知的活動が必要になってくるのです．これは妥当な考えでしょう.

アリストテレスの言うとおり，プログラミングの技術背景をまったく知らずして，プログラミングに関わる「美」を評価することはできないのです．これをさらに敷衍すれば，プログラミング，プログラム，プログラミング言語の 3 つは現代以降の美学の急先鋒になり得るかもしれません.

5　プログラミングの美学

もう少し，プログラミング固有の話題に移りましょう．プログラミングはプログラムという作品を生むためのプロセスですから従来は美学の対象にならなかったそうですが，もうそれは無視します.

武士道に通ずるプログラミング

中井氏によれば，ギリシャ建築におけるエンタシス（中ほどが少し膨らんだ柱）は，悲劇に耐え切るあきらめや，重さに立ち向かう姿勢の顕れなのだそうです．それに対して，ヘブライ建築にける空に向かう尖塔は，奴隷として抑圧されていた時代の遠い憧れの顕れとのこと．古代の日本の建築は，法隆寺に代表されるようにエンタシスと尖塔が混合しています．しかし，時代が下ると，桂離宮や茶室のように寂しく，軽すぎるほど軽く，あっさりとした建築様式が出てきます．それらに代表されるように，日本の美は「すがすがしく，清らか，滑らかで，軽く，滞りなく，明るく，さやけく」といった形容に合うのです．

ならば，そんな様式の美を具現する日本のプログラミングの例はあるのでしょうか？　私の記憶によれば，「武士道」に通じるいにしえのスタイルのプログラミングの2つの具体例に思い至ります．

故島内剛一先生のプログラミングは一風変わっていました．まだPCにそのままプログラムを打ち込むという時代ではなかったので，用意するのは特注の薄青碁盤1cmマス入りの紙（それだけだったら今時どこでも手に入りますが，島内式は紙のサイズが長辺と短辺の比が3対2という，とても珍しい特注品でした），完全に尖らせた鉛筆を20本，真空管式アンプのオーディオ装置からはクラシック音楽，空調はガンガンかける．そして窓を開け放つのです！　いきなりキーボードに触らず，じっと考えて，手でプログラムを心静かに（音的には静かでないようですが）したためる．これは「プログラミング道」と言えるでしょう．

その一方で，和田英一先生のプログラミングも道に通ずるものがあります．もちろん昔話ですが，混み合った通勤電車の中でもデバグできるように，ラインプリンタ用紙（といっても今時の若い人は知らないかもしれませんが，A3程度の大きさのページがミシン目でつながった連続紙）に，プログラムの改行やインデントを全部取り除いてコンパクトに印刷していたそうです．

これは劣悪な環境であっても，心の目で見ればバグが透けて見えてくるという極意のプログラミングでしょう．

モーツァルトのようなプログラミング

こういった武士道丸出しのプログラミングもありますが，私がお付き合いした数多くのプログラミングの天才の中でも飛び抜けているソフトイーサ株式会社の登大遊君は，誰も真似ができないスタイルのプログラミングをします．これは本人の弁ですが，プログラミングに集中するとトランス状態（一種の恍惚状態）に入り，そうなるとプログラムが自然に頭から湧き出してくるというのです．まさにモーツァルトのようなプログラミング．そんなのあり得ないとも思いますが，彼はまだ学部学生時代，SoftEtherというネットワーク基盤関係のプログラムを全面的に作り直した際，1 年間で 11 万行のプログラムを書いた実績があるのです．

トランス状態でのプログラミングと聞くと，鶴の恩返しという民話を思い出しますね．鶴の姿でプログラミングをしているのは，きっとかなり美しいと思いますが，やはりきっと見てはならない，あるいは見ることのできないものなのでしょう．

竹内流，一粒で二度美味しいプログラミング

美しい，とは無関係でしょうが，せっかくなので私のプログラミングについてもちょっと言及しておきましょう．私はプログラムを，Lisp という言語と，アセンブラより低レベルでハードウェアを直接的に制御するマイクロコード以外では書きませんでした．

中途半端は要らないのです．Lisp のときは，Lisp 自身が分かりやすいのでドキュメントは極小でした．ただし，マイクロコー

ドのときは，少なくとも20年近く前の経験では，プログラムコードよりもはるかに大量の（コメントを含む）ドキュメントを用意しました．特に，私としてはいまだに自慢ができる実時間ゴミ集めというプログラムのときは大量の論理式も書きました．

その当時，かなり大きなシステムを作っていたのですが，いま振り返っても，変なやり方でした．まず，夜少しお酒が入ってから，一気呵成にマイクロコードを書きます．翌朝，ロールプレイングゲームの乗りで，机上デバグ，というか書き直しを楽しむのです．こういうのを弁証法というのでしょうか．いや，きっと弁償法ですね．一粒で二度美味しいプログラミングとも言えます．マッチポンプ・デバグとも言えますが……．アリストテレスは言いました．プログラミングとは，閑暇における自由人の高尚の享楽なのです．やっぱり，昔の偉い人はいいことを言いますね．

そうやっても難物のバグは残ります．私の経験では深夜に及ぶデバグの脂汗と翌日の昼休みのサッカーの汗をともに洗い流して「美しい体」に戻すシャワーが最良デバッガの1つでした．美しいとはまったく無関係ですが，このやり方は誰かに “Oh, c’est beau!” と言ってもらえるかもしれません．

6　プログラミングのセンス

佐々木氏の解説書は一般人に馴染みの深い言葉をうまくあげつらって，美学の本質を垣間見せようとします．「センスの話」という章もそうです．センスとは感性とほぼ等しい意味の言葉です．「美学」という名称の学問の始まりは実は意外に遅く（それまでは哲学の一部門でした），18世紀のドイツの思想家バウムガルテンが「可知的なもの，すなわち上位能力によって認識されるものは論理学の対象であり，可感的なものは感性の学としての美学の対象である」と定義したのが始まりでした．

コンピュータを非機械的に扱う

しかし，佐々木氏は感性を肉体レベルの下位能力とはせず，一歩進んで，感性とはメタファーとしての感覚，すなわち決して感覚ではなく，精神の働きなのですが，感覚的な働き方をする精神であると言います．つまり，芸術は感覚を非身体的に用いるというわけです．

こう聞くと，プログラミングのセンスとはコンピュータを非機械的に扱うことができることかとも思えてきます．これの正確な意味はともかく，コンピュータの中に単なる冷たい機械的論理しか感じられないようだと，プログラミングのセンスは働きにくいのでしょう．

4 章で紹介したような話にも，何らかのセンスが必要だと感じられなかったでしょうか？

7　プログラムの美学

これは記述（プログラム）の美学です．とすると，速度性能もさることながら，記述のエレガンス（これは記述の短さに直結する）が考慮の対象となります．

短く書けるということ

ところが，プログラミングに関しては，そもそもいろいろなこと，つまり仕様や問題そのものが短く書けないという問題があります．数学はその点，よく「枯れて」います．概念形成と語彙がしっかりしているのです．少し昔の東大の入試に「円周率が3.05より大きいことを証明せよ」という1行で済む問題が出ました．こういう芸当はプログラミングに関する試験では至難の業です．私はかなり前に大学入試センターの情報関係基礎という，一般的な受験生が多分知らないような問題の作成に関わったことがあります．そのとき，1時間程度で解かないといけない入試問題なのに，10数ページにわたってぎっしりと文章や図を書かないといけないことにショックを受けたものです．

ですから，プログラムが短く書けるということは，プログラム自身が実は豊かな記述量・情報量比をもって記述できるということだと私は常々思っています．短いくせに，いい仕事をしてくれるプログラムはエレガントであるとよく呼ばれます．

形の美，理論の美

1980年ごろのことですが，米国計算機学会のプログラミング研究会の月報（ACM SIGPLAN）で，プログラムのインデンテーション（プログラムの各行を構造に合わせてデコボコさせること）についての議論がしばらく盛り上がったことがあります．議論はいま思うに，まさに「インデントの美学」でした．

同じ1つのプログラムについて，これをどうインデントするかについて数名の人々が熱く議論していました．プログラムに限らず，文章の箇条書をどのような構造にするかについても好みが分かれるのとよく似ています．

プログラムの美しい印刷も「プログラムの美学」の一部でしょう．本書のプログラムは美しく印刷できていたでしょうか？

理論の裏付けがあるかどうかをプログラムの美の基準として採用するという考えもあるでしょう．その場合は理論が美しいかどうかというほうに議論がシフトします．

数学や物理学の理論を美しいと評価することは昔からあったようですが，なぜか美学の対象にはなってこなかったようですね．美学者には難しすぎたのでしょう．これからこの方面の美学が開拓されていくことを期待しましょう．

8 塑像的プログラムと彫像的プログラム

はこだて未来大学の木村健一教授は，東京芸術大学で塑像を学んだ方です．彼から聞いた面白い話があります．造形には塑像と彫像がある．塑像屋は彫像屋に対して「あんたらの作品には骨がない」と悪口を言う．塑像屋は，まず人体の骨格を作り，それに肉となる粘土をくっつけていく．彫像屋は塊を削っていくわけだから，どうしても骨格がずれやすい．

逆に彫像屋は塑像屋に対して「あんたらは，つけたりはがしたり，一発勝負に賭ける気迫が足りない」と言うのだそうです．面白い言い合いですね．

これをプログラミングに敷衍すると，塑像的プログラムが世の中には多そうです．つまり，モジュールをくっつけてはくっつけていくやり方で出来たプログラムのことです．仕様変更や拡張が多い実世界のプログラミングではよくあることなのですが，どうしても建増し建増しの温泉旅館的な構造になりやすいですね．逆説的ですが，そのうち骨も怪しくなってきます．

これに対して彫像的プログラムとは，なにやら無駄を削っていった究極の美的プログラムにつながるようにも思えます．もっとも，そんなプログラムはなかなか書けないし，お目にかかることもないような気がします．

第6章
プログラミングは楽しい

当初の目論見だった「プログラミングへの招待」というからにはもっと入門書的な内容になるはずでしたが，書き進めていくうちにどんどん「変な方向からプログラミングの世界を垣間見る」になってしまいました．これが「プログラミングの面白さを垣間見る」になっていればと願うばかりです．

しかし，ここまで来たからには，「大所高所からのプログラミング」というか「プログラミングのココロ」について，もう少し書いておくべきかなという気分になってきました．まさに『プログラミング道への招待』の気分です。最後までよろしくお付き合いください．

1　抽象化の進展

プログラミング技術の発展にはいくつかのエポックがありました．その中でも記憶に残るのは，1968 年にエズガー・ダイクストラが米国の計算機学会誌（Communications of the ACM）の編集部にレターとして出した「**goto** 有害論」です．

1 ページ余りのレターですが，これが「構造化プログラミング」という大きな潮流の源となりました．プログラミング言語における **goto** は 1 章で説明したジャンプ命令に対応したものです．3 章のアセンブラでは **JMP** と表現していました．

このレターが書かれた当時に使われていた多くの言語には **goto**（あるいはそれに相当する命令）があり，多くのプログラマは何の不思議も感じずにそれを使っていました．**goto** があれば，アセンブラのところで見たように条件分岐も繰り返しもちゃんと書けます．

しかし，**goto** を見ただけでは，それが条件分岐なのか，繰り返しなのかがすぐには分かりません．プログラムの動きを目で追わないといけないのです．

ところが，**if**…**then**…**else**…と書けば，条件分岐を意味していることがすぐ分かりますし，**while**…**do**…と書けば繰り返しを意味していることがすぐ分かります．繰り返しの中にさらに繰り返しが含まれていること，つまり入れ子になった繰り返しもこの書き方だとすぐ分かります．

だから，**goto** を使わないようにすれば，プログラムの構造が分かりやすくなるというわけです．これがダイクストラの主張でした．

こんな簡単なことと言わないでください．当時の常識ではみんなコンピュータを使うには **goto** が当たり前と思い込んでいたのです．そりゃあそうで，コンピュータの中には必ず **goto** に対応するジャンプ命令が備わっているのですから．

どんどん捨象していく

しかし，構造化プログラミングの時代になってから作られたプログラミング言語のほとんどから **goto** 命令がなくなりました．これはコンピュータ内部には必ず存在する **goto** 命令を「捨象」したということになります．これを制御抽象化と言うことがあります．

制御構造に限らず，このような「捨象」あるいは「抽象化」はプログラミング言語にたくさんあります．アセンブラ言語以外では，ハードウェアに直結したレジスタもメモリ番地の情報もしっかりと捨象されています．

コンピュータの内部構造のことをアーキテクチャと呼びます

が，メーカごとにかなり違った構造になっています．同じメーカでも，ハードウェア技術が進歩するにつれ，どんどん複雑なアーキテクチャになってきました．

ということは，機械語やアセンブラ言語もどんどん多様化してきます．全部覚えるのは大変です．しかし，コンパイラ言語を使えば，アセンブラ言語を意識する必要がありません．

goto を見えなくすることも，アーキテクチャの差違を捨象することも，コンパイラ言語がコンピュータハードウェアを抽象化したということにほかなりません．

3 章の 2 節の最後で，野崎昭弘先生の「抽象的で分かりやすい」という一見逆説的な言葉を紹介しましたが，抽象化は分かりやすくするための重要な戦略なのです．もちろん，抽象化にはいろいろな方法があります．センスの良い抽象化が必要です．だから，抽象化の美学も存在するでしょう．

ソフトウェアでも抽象化が進む

1970 年代になって，データ構造自体を抽象化しようという潮流が起きました．データ構造の抽象化とは，データ構造に対する操作の意味と，データ構造の具体的な実装を切り離して，データ構造を操作の意味だけで語ろうというものです．

プログラミング言語を使うと，目的を達成するプログラムを，いろいろなデータ構造を使って書くことができますが，データ構造を利用して何かしたいときは，それがどのように実装されているかに立ち入る必要はありません．それを「どう使うか」さえ分かればいいのです．

つまり，利用者から見れば，そのデータ構造がどんなことをしてくれるかだけにしか関心がありません．内部の詳細は見えなくていいのです．厨房の中が整理整頓されていようと，超雑然としてようと，美味しい料理が出てくるのなら，お客様は満足します．実際，超雑然と見えて，同じ料理が速くできるということもあり得ます．

この話は，オブジェクト指向のオブジェクトが内部の情報を隠蔽していて，所定の様式のメッセージさえあれば所望の応答をしてくるのと似ています．実際，オブジェクト指向はデータ抽象化の 1 つの形です．

コンピュータハードウェアの抽象化だけでなく，オペレーティングシステム（OS）のような基盤的なソフトウェアシステム自体を抽象化するのも当たり前になってきました．

コンピュータがネットワークでつながったり，OS の中で別の OS が動いたり，OS バージョンが変わるなど，多様な OS を使いこなす必要が出てきたので，OS 自体を抽象化したくなってきたのです．（ソフトウェアとハードウェアの中間を意味する）ミドルウェアとか，4 章の 10 節で触れた API（Application Program Interface）というのは，まさにこの類の抽象化です．

並列処理も抽象化できれば

これらの例を見ただけでも，プログラミング技術の発展は「抽象化」という方向で進んでいることが分かります．プログラミング技術だけではありません．

トランジスタを組み合わせて作る論理回路から始まり，必要な論理回路がたくさん内蔵された中規模集積回路（MSI），そしてコンピュータ全体が内蔵された大規模集積回路（LSI，VLSI）というハードウェアの発展も，個別のトランジスタが見えなくなった，個別の AND 回路が見えなくなったという意味で抽象化がどんどん進んでいるのです．

いま進行中の抽象化は「並列処理」に関するものでしょう．ずいぶん進歩してきましたが，みんなが簡単に使える抽象化までにはもうちょっと時間がかかるかもしれません．

3章の5節で述べた分身を用いた迷路探索は，実際に並列にすると，それまでは必要なかったことを考えないといけなくなりましたね．その分，難しくなったわけです．

並列に動くものをちゃんと考え，理解することは人間にとってやさしいことではないので，良い抽象化が絶対に必要です．

2　時間軸を空間に射影・転換する

本書を振り返ると，機械語から始まり，もう少しプログラミング言語っぽいものに移り，2章と3章でアルゴリズム系の話が出てきました．ここまでは計算の進行に重点があり，逐次実行，条件分岐，繰り返し，並列実行といった計算機構の基本を紹介しました．

しかし，3章の6節のオブジェクト指向のところでは，実世界のモデル化，つまり計算対象をどう見るか？どう記述するか？という話になりました．

また，4章で紹介した問題の多くは，手順の順番があまり表に出てこないものでした．つまり，時系列にからんだ話から，なんとなく目に見える空間の話に重点が移ってきたのです．

ダイクストラの「goto 有害論」は，制御構造の抽象化につながるものでしたが，別の味方では，時系列を追ってしか理解できないものを，一目で見えるようにする改革だったとも言えます．

プログラムの動作を「見る」

私が最初にコンピュータに触って作ったプログラムはオセロを競技するプログラムでした．そのためゲームのプログラミングについていろいろ調べたり，考えたりしたのですが，そこで知ったのはゲームの先読みの木（こう打てば，相手はこう来る，そしたらこう返す，といった具合にゲームの進行を読むと自然にできる木の形）を，先読みせずに「見てしまう」盤面の認識能力です．名人はこの能力が非常に高いので，少し弱い相手なら盤面を見た瞬間に次の手を打ちます．

私はこれを「名人には，先読みという時間のかかるプロセスで得られる情報が，盤面に焼き付いた形で見えてしまう」と理解しました．しばらくこの方法論でほかの簡単なゲームについて考察したものです．

ダイクストラの「goto 有害論」にせよ，先読みの木の盤面への焼き付けにしろ，時間軸方向で理解できるものを，空間に射影した，あるいは空間情報に転換したと言えるでしょう．別の言葉で言えば，見えにくいものの「可視化」あるいは「見える化」です．

私は，プログラミング全般においてこれは非常に大事な極意だと思っています．つまり，プログラムを時間軸方向で理解するのではなく，空間情報「的」に理解する能力が重要ということです．

プログラムを書いた人に，そのプログラムについて説明してくださいと言うと，プログラムの実行手順，つまり how to do を事細かに説明する人がいます．

しかし，このプログラムのこの部分はこれ，あの部分はあれを行います，扱っているデータの構造はこのようになっていますと，what to do 的に説明する人もいます．レビューや査問の私の経験からして，後者のほうが圧倒的に分かりやすかったことは確かです．

宣言型プログラミングのココロ

実際にプログラムを書くときは，what to do だけでは書けません[*1]．そうと分かったうえで，what to do をいつも頭の中で整理してプログラムを書いている人は優秀なプログラマだと思います．

How to do の高級なものが，まさにアルゴリズムですが，大きなプログラムを作るとそれ自体は表からは見えなくなります．縁の下の力持ちとして捨象されてしまうとでも言うのでしょうか．

私が過去に大規模なプログラムを書いたときは，主に what to do に近い，システム全体の構造から始まり，細部のデータ構造の設計に至る大量のドキュメントを書いてから，「神は細部に宿る」的な how to do を書くプログラミングを楽しんでいました．

ともかく，複雑な時系列で動いているものが，空間的に目に見えるようになる気分というか，「悟り」がプログラミングにはとても重要だと思います．

上のゲームの名人の理解力「名人には，先読みという時間のかかるプロセスで得られる情報が，盤面に焼き付いた形で見えてしまう」を，プログラミングの話に焼き直すと「達人には，コンピュータの時系列的な動きが，プログラムの（ある時刻の）実行断面に焼き付いた形で見えてしまう」ということでしょうか．

力学系では，ある時刻でそれの断面をとり，そこでの状態（位置と運動量）を記述すると，実はその時刻の近傍（完全な決定論

---

*1　最近のプログラミング言語の中には，かなりの部分 what to do で書けるものが増えてきました．これが技術の進歩です．

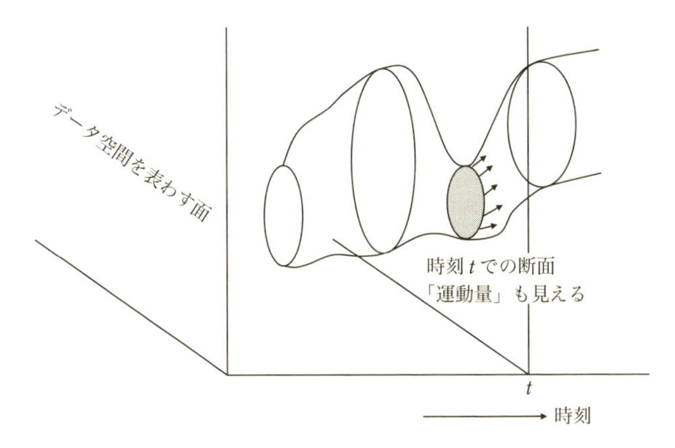

図1　プログラムの動作を実行断面で把握する
プログラムの動作で，データ空間に見えるデータの構造が力学系のようにどんどん変化していく．ある時刻 t での断面を見ると，実はプログラムの動作の意味がその断面に「焼き付いて」いる．面積の小さい断面で見ると理解の効率が上がる．

であれば，その未来すべて）での力学系の状態が記述できていることになります．

達人の理解するプログラムの実行もそれに似ているのではないでしょうか．私はある研究会で，「宣言型プログラミング」のココロはこれではないかと話したことがあります（図1）．

なんだか怪しい話になってきましたが，いずれにせよ，これは抽象化とは少し方向が違う話だと思います．

3　プログラミングとユーモア

私は昔から「同じことをやるなら，楽しくやらなきゃ損」がモットーだったので，研究活動もプログラミングも例外なく大いに楽しんできました．東京大学の最終講義のタイトルは「研究・開発は楽しく」でした．私の知り合いには，プログラミングが楽しくてしょうがないという人がたくさんいます．

好きこそものの上手なれ，ではないですが，楽しくてこそプログラミングの上手なれだと思います．これに関して，私のつまらない経験談をさせてください．

Taoとの馴れ初め

NTT研究所時代の私を特に楽しませてくれたのは老子の『道徳経』（Tao Te Ching）でした．1970年代の終わりごろ，研究所で3作目となるLisp言語の設計・開発を行う前に，3文字のいい名前をつけようと，分厚い『小学館ランダムハウス大英和辞典』（初版，1979年）をエイヤッとめくったところ見事一発で見つかったのが2649ページにあったTaoでした．いわく，

(1) 万物が生起または存在，変化する宇宙の原理．
(2) 道理，法則．人間行動の合理的基盤．
(3) 道：老子，荘子に始まる中国道教の中心概念：この道を守れば不老長寿が得られるという．

このうち，(3) は老子の時代よりあとに，一種の新興宗教として生まれてきた「道教」の教えであり，老子の思想とは直接関係しません．

ともかく，意義からして，新言語の名前としては申し分ありません．なお，Taoは漢字では「道」です．5章に登場していただいた和田英一先生から，Algol 68という巨大，厳格かつ難解な言語の公式仕様書に老子（これからは『道徳経』と同義語的に使います）第42章からの引用があるというメールが届きました．日

本語で書くと

> 道は一を生ず．一は二を生じ，二は三を生じ，
> 三は万物を生ず．...

です．これは開発しようとしていたTao言語の言葉に翻訳すると，

> Taoは**nil**を生ず．**nil**はアトムを生じ，アトムはS式を生じ，S式は万物を生ず．...

となります．ここで，**nil**，アトム，S式はLisp言語の基本概念です．ついでに，Algol 68の仕様書の英露対訳版のあるページにクマのプーさんの漫画が挿入されていました．

クマのプーさんは，その生き方がまさに老子の言う自然体であり，Tao（ここからTaoと思想としてのTaoismを同義語的に書きます）そのものなのです．実際，ホフの『クマのプーさん』は，欧米ではTaoへの最良の入門書の1つとされています．

Taoがあまりにもいい名前なので，名前は同じでも中身はかなり違うのに，それから開発した3代のLispシステムはすべてTaoという名前にしました．これの根拠になったのが，老子の冒頭です．いわく

> 道可道　非常道

すなわち，道と言うべき（道うべき）は常の道にあらず，です．これは，道（Tao）と名付けられたものがあったら，それは常，つまり絶対あるいは永遠の道（Tao）ではないということです．

つまり，Taoという言語は自在に変転するものであるというお墨付が得られたわけです．

Tao の影響力

要するに，こんな冗談ばかり飛ばしながら研究開発を行ってきました．しかし，実はこの Tao，欧米のコンピュータ関係者（に限りませんが）に大きな影響力を持っています．

レイモンド・スマリヤンというバリバリの論理学者が，西洋論理学の対極にある東洋思想の Tao を見事に説明した “The Tao is Silent”（Harper &Row，1977 年．邦訳は桜内篤子訳，『タオは笑っている』，工作舎，1981 年．1996 年に改訂新版）という名著があります．禅の偉い人が書いた本よりも，「論理的」で分かりやすいくらいです．

スマリヤンによる次の 3 行の詩が Tao の「自然」を表わしています．その後に私の訳を添えています．

The sage falls asleep not because he ought to
Nor even because he wants to
But because he is sleepy.
　聖人は眠る，それは眠らなければいけないからではなく
　ましてや眠ることを欲しているからでもなく
　単に眠たいから

次は Tao の「無為」に重点があります．

The Tao has no purpose,
And for this reason fulfills
All its purposes admirably.
　Tao は目的を持たない
　そのことによって Tao は
　その目的をすべて見事に成し遂げる

Taoは，ニューサイエンスにも大きな影響を与えました．英国の物理学者フリッチョ・カプラが1975年に出版した『タオ自然学』（吉福伸逸ほか訳，工作舎，邦版は1979年刊）という有名な著作があります．現代物理学の原理がデカルト思想から外れていくにしたがい，東洋思想にその根拠を求めようとした人が多かったのでしょう．

プログラミングでもTaoに関連した本がいくつか見つかります．ジョフリー・ジェイムズの"The Tao of Programming"（Info Books，1986年）は，ある会社のソフトウェアの保守部門で長く仕事をしてきた彼が，Taoを足掛かりにして，ソフトウェアプロジェクトの有り様についての短い警句を集めたものです．つまり，Taoをもじったパロディ作品で，全体がひとまとまりのジョークになっています．

真面目な本では，ゲリー・エンツミンジャーの"The Tao of Objects"（Prentice Hall，1991年）があります．前書きには，東洋の古典思想を援用してオブジェクト指向プログラミングの入門が書けたら本望と書かれていましたが，Tao自身についてはあまり多く語られていません．

しかし，第5章は，万物流転のTaoの動的な側面に着目してか，全体としてオブジェクト指向の動的な側面が強調されるようなプログラミング例に重点がおかれています．

プログラミングとTao（英語ではDaoと綴ることもあります—現代中国語の発音はこちらに近い）のユーモアに関しては，次のWebページが面白いでしょう．

http://www.edepot.com/Taohumor.html

無為自然

こう見てくると，いろいろな文脈でプログラミングの世界にTaoに関心をもっている人々が多いことが分かります．どうしてそうなったのでしょうか？

例えば，非還元的で全体論的な発想が要求されるマルチエージェントプログラミングや大規模分散プログラミングは，カプラのタオ自然学の発想に対応した東洋思想的なものが要求されてくるような気がします．

人工生命もしかりですが，何も為さずして「神様プログラミング」で創発現象を導くというのは，まさにTaoの無為自然の発想ですね．

Algol 68の仕様書に老子の第42章が引用されたのは，その文章が暗示するように，一番深い原理から順にものが生成してくるという様子が，Algol 68という巨大で厳密な言語の真の設計理念をうまく表現していると考えた人がいたからでしょう．

プログラミングはやさしくありません．しかし，中にはサラサラと素晴らしいプログラムを書く人がいます．それにかぎらず，コンピュータの世界にはグールーと呼ばれる才能をもった人がいます．彼らは「悟りをひらいた聖人」のごとく，余人の追従を許さないような自然体で高度なプログラムを書いてしまいます．

このような人々に対する畏敬の念は自然にTaoの聖人を連想させます．これもTaoがプログラミングの文脈で引用される一因でしょう．

このようなことがあるのであれば，自然体のプログラミングとは何かについての議論が，これまた自然に興るはずですね．当然のことながら，なかなか言説として顕在化しませんが…….

自然体ということから，Tao は HCI（ヒューマン・コンピュータ・インタラクション）設計の指針・哲学ともなり得ます．老子に「上善は水の若し」とあるように，水のごとく相手や環境に合ってしまう柔軟な道具とかコンピュータは HCI の究極の目標の1つでしょう．

それにしても，Tao がこのようにあちこちで引用されるのは，老子の難解さと曖昧さが多種多様の解釈を呼ぶ余地をもたらしているからだという気がします．捉えどころがないゆえに，とりあえず拠り所にしやすいという，それ自身矛盾しているところがなんとも秘妙*2 です．

聖人とプログラミングにおけるグールーとをダブラせることが容易なのは，そのあたりから来ています．Tao と way（道）が意味的に重なることもこれに寄与しています．

Tao に学ぶプログラミングの極意とは？

最後に特に私が重要と考えていることを紹介しましょう．それは，老子に内在する本質的なユーモアが大いに作用していることです．パロディにしたくなるような難解さと曖昧さとでもいうのでしょうか．

そういえば，Tao を具現しているホフの『クマのプーさん』はペンギンブックスのユーモアの分類に入っています．スマリヤンの “The Tao is Silent” の訳書のタイトルは『タオは笑っている』です．

もちろん，この笑いは静かな微笑みです．世の中を赤ん坊のよ

*2　この言葉は辞書には出ていませんが，私は中学生ぐらいのころから当然あるものだと思って使っていました．「秘妙」の意味は秘妙なので語り尽くせません．というわけで，私は本を書くと必ずこの言葉を使い，広辞苑に載ることを祈念しています．目指せ広辞苑！

うに，悩まず微笑んで受け止める．これ自体が立派な自然体であり，ユーモアなのです．

カプラは，科学も芸術のような領域であると言ったようですが，プログラミングも芸術のような領域とすれば，そこでユーモアが重要になってくることは間違いありません．すなわち，実はプログラミングにいつもユーモアがあることこそが，プログラミングを楽しみ，よいプログラムを生み出すための秘訣かもしれないのです．

ユーモアというのは単に面白いということだけではなく，人間性全般を含みます．機械的ではない，生身のプログラミングと言ってもなかなか分かってもらえないかもしれませんが，人間性に満ちたプログラミングを楽しめるようになれば本物です．

自分で生み出したバグを取るデバグも，面白いゲームを自己生産し，自己消費していると思えば，ドラクエを遊ぶのと同じくらい楽しいはずです．実際，私がそうでした（笑）．

5 章の 5 節で紹介した，ソフトイーサ社の社長をしながら，筑波大学大学院生でもある登大遊君はモーツァルトのようにプログラミングできる，まさにグールーですが，他に類を見ないほど秀逸なユーモアのセンスを持っています．生き様全体がユーモアの塊という人で，彼の話を聞いた誰しもが笑い，感服します．

それをここでは事細かには紹介できませんが，私が東大にいたとき，彼に彼より年上の学生たち相手に講演をしてもらったことがあります．そのタイトルが「大変楽しい低レイヤソフトウェア開発とベンチャー起業」でした．

もっとすごいのは「筑波大学 博士号 松美池」のキーワードで検索すると見つかる非常に興味深いブログ記事群です．このようなユーモア精神が登君の異常に高いプログラミング能力の源泉になっていると，私は信じています．

昔のMIT AIラボの連中が作ったプログラムの中に織り込まれた数々のユーモアやジョークを見ても，余裕の差を感じます．

例えば，

Copyleft. All wrongs reserved.*3

とか

This is read only file. (All writes reserved.)

はどちらもrightをもじっています．Copyleftはいまやcopyrightを主張しないという意味の立派な英語になってしまっていますね．

これらはプログラムのコメントに書かれた言葉ですが，手の込んだものだと，プログラム自身にユーモラスな仕掛けがあったりします．ただし悪用すると，いわゆるクラッカー（悪いハッカーのこと）になってしまいます．

そのあたりの文化から生まれたエリック・レイモンド編“HACKER'S DICTIONARY”（邦訳は福崎俊博訳，『ハッカーズ大辞典』，アスキー，2002年）はその集大成です．プログラミングは所詮人の営みなので，ユーモアがないと窒息してしまいます．

同語反復（トートロジ）になりますが，楽しくやれば，プログラミングは楽しい！　これを本書の締めの言葉とします．

*3　All wrongs reversedというのもありますが，間違いも保全されているというreservedのほうが面白いと思います．

問題の解答

第４章で出題した問題の解答をここに書きます．なるべく自分でしばらく考えてから，ここを見るようにお願いします．紹介したお名前（ペンネームを含む，敬称略）は，『数学セミナー』や『bit』に解答していただいた方です．

カッコのつけ方で劇的に式の意味が変わる（148 ページ）

最短の式の典型例は$-0-x+y$でしょう．これ以上短い「常識的な範囲の式」があるとは思えません．実際，

$$-(0-x)+y=x+y$$

$$-(0-x+y)=x-y$$

$$-0-x+y=y-x$$

となります．

次の問題は少し難しかったかと思います．「常識的に考えて」最も短い式は$x-0\times 0+y$でしょう．確かに

$$x-0\times 0+y=x+y$$

$$x-(0\times 0+y)=x-y$$

$$(x-0)\times(0+y)=x\times y$$

となります．しかし，驚くべき答えがありました（yk）．

$$-\log e^{-(x+y)}=x+y$$

$$-\log e^{-x+y}=x-\mathrm{y}$$

$$-\log(e^{-x})^{+y}=x\times y$$

です．なお，ここで自然対数を意味する log は 3 文字ですが，ひとまとまりの記号と考えて，変数xと同等の長さと思うわけで

す．それにしてもすごいカッコのつけ方ですね．

算術式でプログラムを書く？（149 ページ）

問 1　$1\div(x+1)$．長さ 5．これは小手調べの簡単な問題でした．

問 2　$1\div(3\times(x-y)+1)$．長さ 9（中川崇）．マジックナンバーのような数 3 が登場しますが，これは 3 以上だったらどんな整数でもいいのです．$1\div((x-y)\times(x-\mathrm{y})+1)$．これは非負整数の仮定をおかなくても通用する「常識的な」式ですが，ちょっと長いですね．

問 3　$\mathrm{P}\times(Q-R)\div P+R$．長さ 9（神田孝）．$P=0$ のときのゼロ除算をしないという怪しい約束をちゃんと有効利用しています．

問 4　$(y-x)\div(((x-y)\times(y-x))-1)$．長さ 13（橋本到）．

問 5　$(1\div((x\times x\times y\times y)+1))\times(((((x+y)\bmod 3)\div 2)\times 2)-1)$．長さ 23（杉山裕一）．ここまで来ると，これが最短であるかどうかが少し不安になります．最短という「証明」がないからです．

アミダクジの仕様変更（151 ページ）

図 A1 を見れば一目瞭然でしょう．

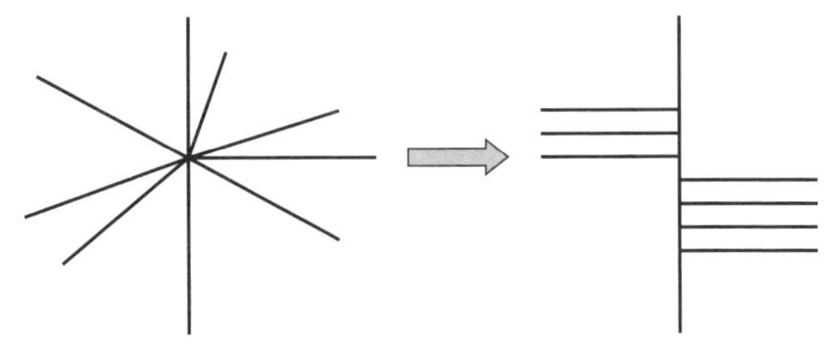

図 A1　同じ点に交わる横線を単純な方法でずらす

与えられた仕様からプログラムを作る（155 ページ）

以下はすべて解の一例です．

問１　図 A2 のグラフです．

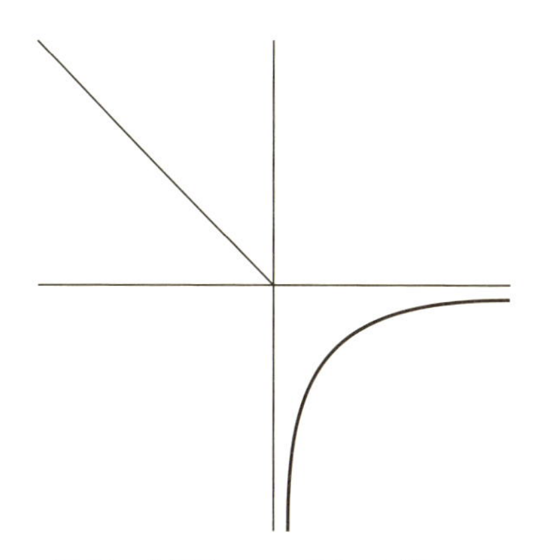

図 A2　右下は $y=-1/x$ のグラフの半分です

問２　とりあえず非負整数を考えましょう．関数 f の適用を $\mapsto$ で表現します．$0 \mapsto 0$，$1 \mapsto 1$（実は，$0 \mapsto 1$，$1 \mapsto 0$ でもよい）のほかに，

$$2 \mapsto 3 \mapsto 5 \mapsto 6 \mapsto 2^2 \mapsto 3^2 \mapsto 5^2 \mapsto 6^2 \mapsto 2^4 \mapsto \ldots$$

$$7 \mapsto 8 \mapsto 10 \mapsto 11 \mapsto 7^2 \mapsto 8^2 \mapsto 10^2 \mapsto 11^2 \mapsto \ldots$$

$$\ldots$$

という数列の集合を作ることです．つまり，2 以上のすべての整数を $f(f(f(f(x))))=x^2$ になるような数列の集合に分割すればいいのです．なお，負の数 x に対しては $f(x)=f(-x)$ と定義すれば OK です．

問３　ζ氏の解答です．上と同様の記法を使って説明しましょう．

2以上の整数に関しては，非平方数の列 2, 3, 5, 6, 7, 8, 10, ... の先頭から2つずつ数をとってそれぞれ数列をつくります．例えば，最初の2個の数2と3からは以下の数列を作ります．

$2 \mapsto 1/2 \mapsto 3 \mapsto 1/3 \mapsto 2^2 \mapsto (1/2)^2 \mapsto 3^2 \mapsto (1/3)^2 \mapsto 2^4 \mapsto (1/2)^4 \mapsto 3^4 \mapsto \ldots$

これで2以上の整数とその逆数を全部尽くせます．それ以外の既約有理数 q/p については，

$f(q/p) = p/q$ （$0 < q/p < 1$）

$f(q/p) = p/q^2$ （$p^{2n} < q < p^{2n+1}$, $n(\geq 0)$ は偶数）

$f(q/p) = p^2/q$ （$p^{2n} < q < p^{2n+1}$, $n(\geq 0)$ は奇数）

と定義します（0，1，負の数については問2と同様です）．ζ氏が意識しておられたように，これのいいところは，整数とその逆数については，対となる整数がなんであるかを調べるのにちょっとだけ面倒な計算が要るものの，計算の手間があまりかからないということです．

実は私も別解を持っていて，そちらのほうが実際にコンピュータのプログラムにするのは簡単だと思っていたのですが，実際にプログラムを書いてみると，ζ氏の解答のほうが簡単に書けました．このときに解く必要に迫られたのが，以下の問題です．解答は書きませんが，ぜひ考えてみてください．ζ氏の心配を裏切る，驚くほど見事な式を発見することができました．

2, 3, 5, 6, 7, 8, 10, 11, 12, 13, 14, 15, 17, 18, 19, 20, 21, 22, 23, 24, 26, 27, 28, 29, 30, 31, 32, 33, 34, 35, 37, 38, ...

という 4, 9, 16, 25, 36, …といった平方数を取り除いた数列の n 番目（$n \geq 1$）の数を探索的なことをせずに求める関数を書きなさい．n の平方根の小数部分を切りすてた整数を求める整数平方根という関数を使います．

あとがき

カバーや章扉に出てくる異様な怪物について説明しておきましょう．これは妖怪「鵺（ぬえ）」です．本当は「空」偏に「鳥」なのですが，JIS 第 3 水準の漢字なのです．

1980 年代，私が NTT 研究所にいたころ，手続き型，関数型，論理型，オブジェクト指向といった代表的なプログラミングパラダイム（3 章の 8 節でごく簡単に言及しています）を融合した，いわゆるマルチパラダイム言語の開発を行いました．

この「マルチパラダイム」が，頭がサル，胴がタヌキ，手足がトラ，尻尾がヘビというキメラ妖怪のココロに通じるので，研究プロジェクトを NUE と名付けました．

鵺を愉快な絵にしてくれたのは外山芳人君です（その後東北大学教授）．その原画をもとに Postscript という言語にデジタル変換して印刷したのがこの絵で，研究仲間のシンボルマークとなりました．

また，それ以来 30 年以上，毎年 1 月下旬に伊豆長岡で開催される「鵺祓い祭り」には欠かさず参加しています．プログラミングの楽しみ方は実に多様ですね．

2017 年 1 月

竹 内 郁 雄

索　引

数字・欧文

あ 行

か 行

た　行

な　行

著者紹介

竹内郁雄（たけうち・いくお）
1969年東京大学理学部数学科卒業，同修士課程修了．NTT研究所のあと，電気通信大学，東京大学，早稲田大学の教授を歴任．現在，IPA未踏IT人材発掘・育成事業統括プロジェクトマネージャ，(社)未踏代表理事，(株)ギブリー技術顧問．東京大学名誉教授．博士（工学）．

プログラミング道への招待

平成29年1月30日　発　行

著作者　竹　内　郁　雄

発行者　池　田　和　博

発行所　丸善出版株式会社

〒101-0051 東京都千代田区神田神保町二丁目17番
編集：電話(03)3512-3266／FAX(03)3512-3272
営業：電話(03)3512-3256／FAX(03)3512-3270
http://pub.maruzen.co.jp/

組版印刷・中央印刷株式会社／製本・株式会社 松岳社

ISBN 978-4-621-30133-3　C3055　　Printed in Japan